21世纪机电技术应用类职业教育教材

机械系统拆装

（下册）

主　编　黄汉军
副主编　周　红

上海科学技术出版社

图书在版编目(CIP)数据

机械系统拆装. 下册 / 黄汉军主编. —上海:上海科学技术出版社,2009.1(2021.7 重印)

中等职业学校机电技术应用专业教材

ISBN 978-7-5323-9529-3

Ⅰ.机… Ⅱ.黄… Ⅲ.装配(机械)—专业学校—教材 Ⅳ.TH16

中国版本图书馆 CIP 数据核字(2008)第 110813 号

电子课件网址:http://jc.sstp.cn/kj/

机械系统拆装(下册)

主编 黄汉军

上海世纪出版(集团)有限公司
上 海 科 学 技 术 出 版 社 出版、发行
(上海市闵行区号景路159弄A座9F-10F)
邮政编码 201101 www.sstp.cn
上海当纳利印刷有限公司印刷
开本 787×1092 1/16 印张 8.75
字数:188 千字
2009 年 1 月第 1 版 2021 年 7 月第 5 次印刷
ISBN 978-7-5323-9529-3/TH·115
定价:22.00 元

内 容 提 要

《机械系统拆装》(下册)是中等职业学校机电技术应用专业的专业核心课程,同时也是机电技术综合应用的入门课程。主要内容有:常用机电设备机械系统的拆装技术和相关知识,机械系统支座拆装、导轨副拆装、轴承拆装、机械传动系统功能分析、带传动装置拆装、链传动装置拆装、齿轮传动装置拆装、联轴器拆装、轴系零部件拆装和机械系统安装与润滑。课程内容涵盖职业资格能力中的“机械拆装”和“钳工基本技能”考核模块。本书适合中等职业学校机电类相关专业师生使用。

前　言

2006年9月，上海市教育委员会组织开发和制定了《上海市中等职业学校机电技术应用专业教学标准》等12个专业教学标准（以下简称《标准》）。新的《标准》以科学发展观为指导，以就业为导向，以能力为本位，以岗位需要和职业标准为依据，以促进学生职业生涯发展为目标，构建了以职业能力为主线、以任务引领型课程为主体的具有上海特色的现代职业教育课程体系。本教材即是“机电技术应用”专业教学标准中“机械系统拆装”课程的配套教材。

本教材编写突破原来以学科为主线课程体系的教材套路，以应用为目的，以必需、够用为度，围绕职业能力的形成组织课程内容，并本教材以典型产品为载体设计教学活动，按照工作过程设计学习过程，以职业技能鉴定为参照强化技能训练，打破理论知识的完整性和连贯性，以工作任务为中心整合相应的知识、技能和态度，由任务引领，采用“项目教学法”，实行“在做中学”。

本教材分上下两册，上册分六个项目，主要内容为机械拆装工具的使用、机械制图国家标准、投影的基本原理和基本方法、机械图样的表达方法、标准件的画法、机械零件图和装配图的画法等。下册分十一个项目，主要内容为常用机电设备机械系统的拆装技术和相关知识，包括机械系统支座拆装、导轨副拆装、轴承拆装、机械传动系统功能分析、带传动装置拆装、链传动装置拆装、齿轮传动装置拆装、联轴器拆装、轴系零部件拆装和机械系统安装与润滑。

本教材也适合中等职业学校近机类、非机类业专业使用，也可供有关工程技术人员参考。

本教材有以下特点：

◇ 打破“三段式”学科课程模式，课程内容组织、编排摆脱学科课程的束缚。

◇ 采用项目教学法，实行在做中学。

◇ 摒弃烦琐的理论叙述，体现职业教育的应用特色和能力本位观念。

◇ 有配套的习题（册），便于学生复习、练习。

◇ 引入拓展知识，可实施分层教学。

本教材上册由周红主编，下册由黄汉军主编。其中项目一至项目四由周红编写，项目五、六由周丹天编写，项目七至项目十一由杨明编写，项目十二、十三、十五、十六、十七由傅建新编写，项目十四由孙勤编写。由于时间仓促，编写经验不足，难免有疏漏之处，请使用本教材的同行和读者批评指正。

本书在编写过程中得到行业技术专家、资深专业老师指导，也参考了一些相关的教材和书籍，在此谨向有关人员致谢。

编　者

2008年7月

目　　录

项目七　机械系统的拆装准备

§7.1　能力目标

一、知识要求

（1）了解机械系统的组成。

（2）了解机械系统各部分的总体功能。

二、技能要求

（1）能正确选择和使用拆装工具。

（2）能拆卸结构相对简单的机器。

§7.2　材料、工具及设备

车床、拆装工具、清洗和润滑工具等。

§7.3　学习内容

活动1　认识机械拆装的安全要求

机械拆装过程中的安全知识和注意事项如下：

（1）进入实训场地必须统一穿着学校指定的实习工作服，女同学戴好工作帽，不允许穿拖鞋或凉鞋，不允许戴戒指、手镯。

（2）在实训场地不允许说笑打闹，大声喧哗。

（3）工作前必须检查手用工具是否正常，并按手用工具安全规定操作。

（4）拆装车床时，首先应了解车床性能、作用及各部分的重要性，按顺序拆装。

（5）实训场地要经常保持整洁，通道不准放置物品。废料应及时清除。

（6）任何设备（车床）在修理前，首先要切断电源和相联部分（如操作杆、总线上的开关、管道等），并将车床总开关保险拉掉，挂上“有人检修，禁止使用”的警告标志，防止误开车床发生事故。

(7) 拆卸车床时应注意有弹性的零件，防止这些零件突然弹出伤人，拆卸冲压床应首先放下锤头。

(8) 车床导轨及油漆表面严禁放工具、量具、刃具、辅助器材及工件。

(9) 拆卸下的零部件应摆放有序，不得乱丢、乱放，能滚动的零部件应两侧卡死，不让其转动。

(10) 协同作业时必须互相联系协调，禁止互不通气盲目行事。

(11) 拆装车床时，手脚不得放在或踏在车床的转动部分。

(12) 在垂直导轨上拆装走道箱、主轴箱等部件或在其下面工作时，必须将垂直导轨上的部件用吊车吊起，并用木块垫牢，防止这些部件下落伤人。

(13) 使用手钻要穿戴绝缘护具。钻孔时应戴上防护镜。

(14) 拆卸笨重机件时必须用起重设备，不要以人力强制搬动。

(15) 装拆零件、部件与搬运工件时，要稳妥可靠，以免零部件跌落受损或伤人。

(16) 使用行灯必须用 36V 或 36V 以下的安全电压。

(17) 使用电钻必须用三芯或四芯定相插座，并保证接地良好。

(18) 试车用电必须通过专业电工将电线接妥后方可试车。

(19) 使用三角吊架时，必须将三只脚用绳子绑住，以免滑倒。

(20) 使用电动或手摇吊车时必须按照吊车的安全操作规程进行。

(21) 把轴类零件插入车床组合时，禁止用手引导、用手探测或把手插入孔内。

(22) 递接工具材料、零件时禁止投掷。

(23) 锤击零件时，受击面应垫硬木、紫铜棒或尼龙 66 棒等材料。

(24) 修理受压设备时，应按照受压容器规定进行。使用喷灯时，严格遵守喷灯安全操作规程。

(25) 工作完毕要做到"三清"，即场地清、设备清、工具清。

注意

在机械拆装过程中，一些设备和工具如操作使用不当，都会对人身造成伤害。所以，在机械拆装过程中，安全非常重要，必须掌握安全知识。

活动 2　认识拆装工具

一、螺钉旋具

螺钉旋具有一字旋具[见图 7-1(a)]、十字旋具[见图 7-1(b)]、弯头旋具[见图 7-1(c)]和快速旋具[见图 7-1(d)]等。

螺钉旋具的使用要根据螺钉头部沟槽形状和尺寸大小选用相应的螺钉旋具。使用时，手握旋具手柄，使刃口对准螺钉头部沟槽，向下用力，同时顺时或逆时针旋转旋具，即可拧紧或松开螺钉。

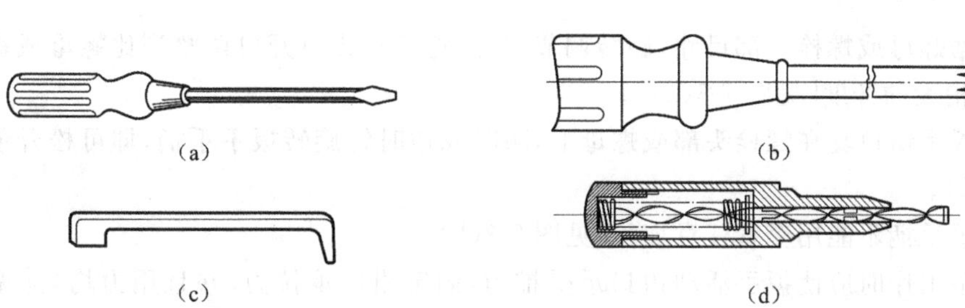

(a) (b) (c) (d)

图 7-1 螺 钉 旋 具

提示

(1) 不能用锤敲击旋具头部[见图 7-2(a)]。

(2) 不可将旋具当撬棒使用[见图 7-2(b)]。

(3) 不可在旋具刃口附近用扳手或钳子来增加扭力[见图 7-2(c)]。

(4) 一字旋具用于拧紧或松开头部带一字形沟槽的螺钉;十字旋具用于拧紧或松开头部带十字形沟槽的螺钉;弯头旋具用于螺钉头部空间狭小而刁。快速旋具用于快速装拆螺钉的场合。

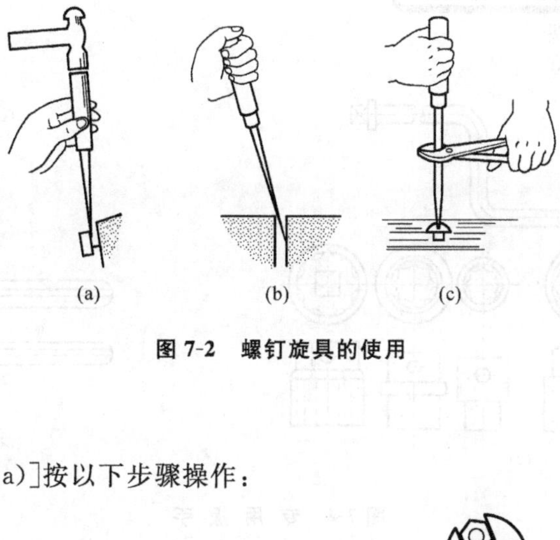

(a) (b) (c)

图 7-2 螺钉旋具的使用

二、活扳手

活扳手[见图 7-3(a)]按以下步骤操作:

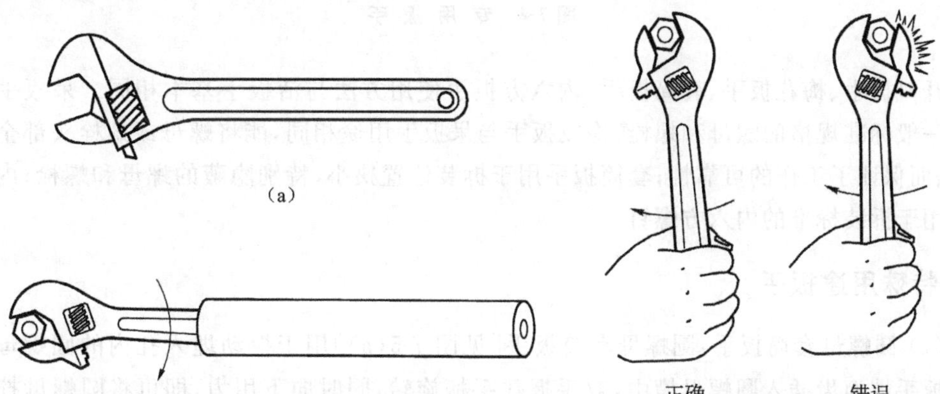

(c)

图 7-3 活 扳 手

(1) 根据螺母或螺栓头部尺寸，旋转调节螺杆，将活动钳口开口调整到比螺母或螺栓头部对边尺寸稍大的开度[见图 7-3(a)]。

(2) 将扳手钳口套在螺栓头部或螺母上，顺时或逆时针旋转扳手手柄，即可松开或拧紧螺栓(或螺母)。

(3) 扳手手柄不能用套管任意加长[见图 7-3(b)]。

(4) 扳手工作时应使扳手活动钳口承受推力，固定钳口承拉力，并且用力均匀[见图 7-3(c)]。

三、专用扳手

专用扳手有呆扳手[见图 7-4(a)]、梅花扳手[见图 7-4(b)]、套筒扳手[见图 7-4(c)]，内六方扳手[见图 7-4(d)]。

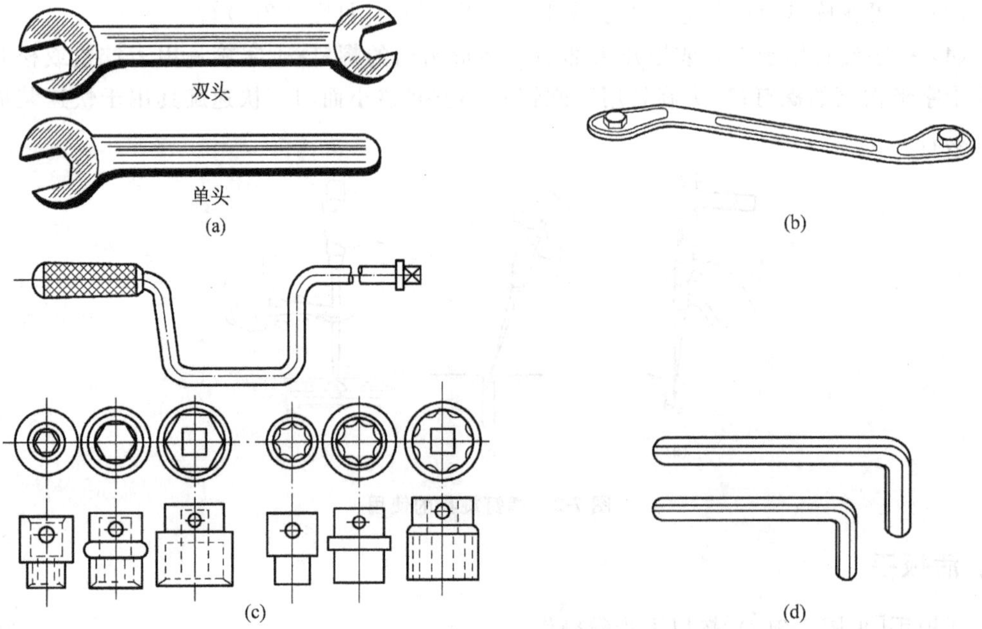

图 7-4 专 用 扳 手

开口扳手、梅花扳手、套筒扳手、内六方扳手使用方法与活扳手基本相同。呆扳手用于拆装一般标准规格的螺母和螺栓；梅花扳手与呆扳手用途相同，能将螺母或螺栓头部全部围住，从而保证了工作的可靠性；套筒扳手用于拆装位置狭小，特别隐蔽的螺母和螺栓；内六方扳手用于拆装标准的内六方螺钉。

四、特殊用途扳手

(1) 圆螺母套筒扳手：圆螺母套筒扳手[见图 7-5(a)]用于扳动埋入孔内的圆螺母。将套筒扳手端面齿插入圆螺母槽中，双手握住手柄旋转，同时向下用力，即可将圆螺母拧紧或松开。

(2) 钳形扳手：钳形扳手[见图 7-5(b)]的用途和使用方法与圆螺母套筒扳手相似，将叉销插入圆螺母槽或孔内,旋转扳手即可松开或拧紧圆螺母。

(3) 单头钩形扳手:单头钩形扳手[见图 7-5(c)]用于扳动在圆周方向上开有直槽或孔的圆螺母,使用时,将钩头钩在圆螺母直槽或孔中,转动扳手,即可将圆螺母拧紧或松开。

(4) 棘轮扳手:棘轮扳手[见图 7-5(d)]适用于狭窄位置螺母或螺栓拧紧或松开。使用时正转拧紧螺母或螺栓,反转空程。若要拧松螺母或螺栓,则必须将扳手翻转 180°使用。

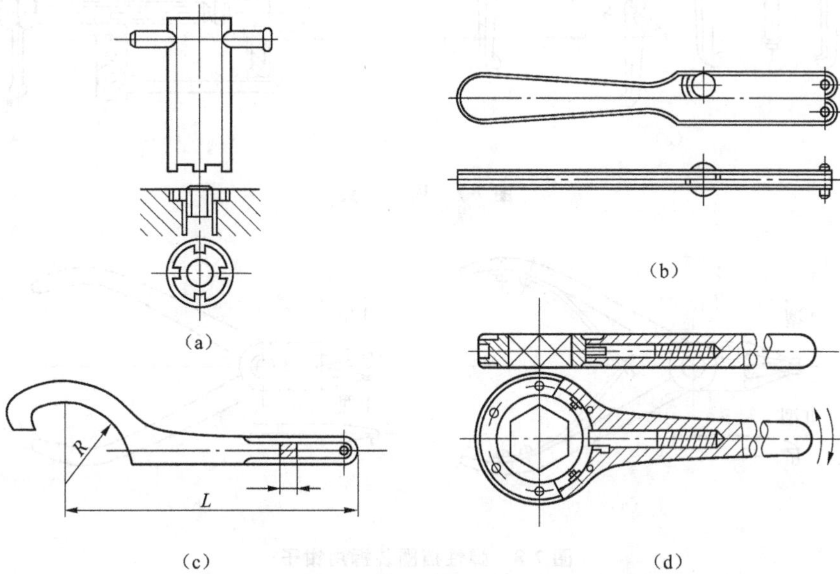

图 7-5　特殊用途扳手

五、弹性锤子

弹性锤子如图 7-6 所示,使用铜锤时,要注意防止铜锤末掉入箱体内,使用铜锤时,要垂直于工作面敲击。

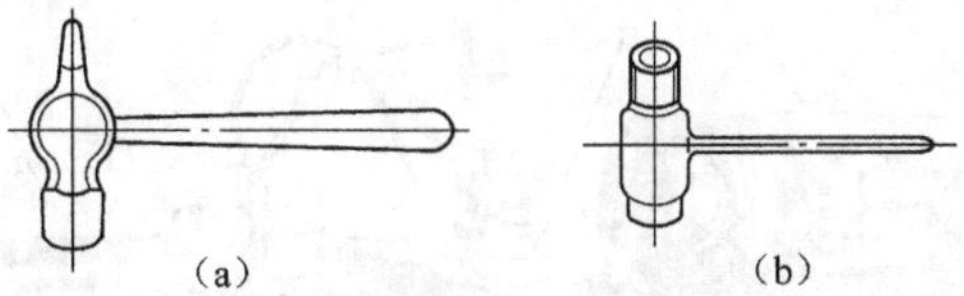

图 7-6　弹 性 锤 子

六、顶头

顶头[见图 7-7(a)]主要用于顶拔,轴端零件,如齿轮和滚动轴承。顶拔时将顶头的钩头钩住被顶零件,同时转动螺杆顶住轴端面中心,用力旋转螺杆转动手柄,即可将零件缓慢拉出[见图 7-7(b)]。

使用顶头时应使钩头尽量钩得牢固,以免打滑。顶拔时,应使拧入螺纹牙数尽量多。

七、弹性挡圈装拆用钳子

弹性挡圈装拆用钳子有轴用弹性挡圈装拆用钳子[见图 7-8(a)]和孔用弹性挡圈装拆用

钳子[见图 7-8(b)]。图中Ⅰ型用于箱体内弹性挡圈的装拆；Ⅱ型用于箱体外弹性挡圈的装拆。

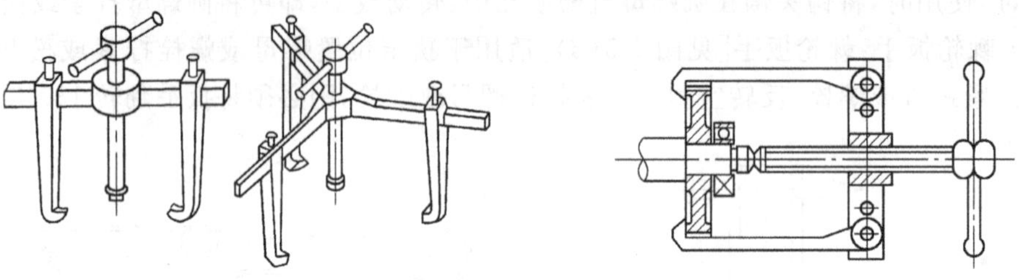

(a)　　　　　　(b)

图 7-7　顶　　头

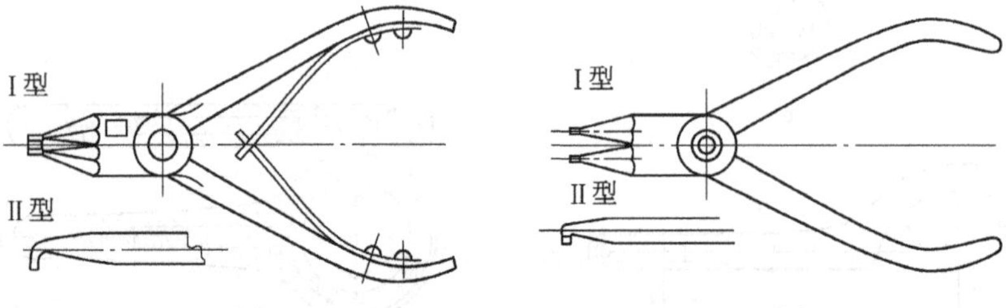

(a)　　　　　　(b)

图 7-8　弹性挡圈装拆用钳子

活动 3　了解机械传动系统

观察如图 7-9 所示车床，其机械系统组成部分见图 7-10。

图 7-9　车　　床

1—主轴箱；2—拖板、刀架；3—尾架；4—导轨；5—螺杆；6—光杆；7—床身；8—走刀箱；9—电气控制箱；10—变速箱

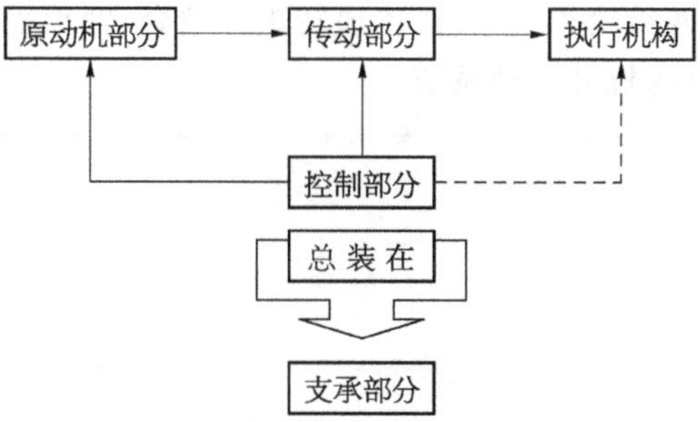

图 7-10 机械系统组成

知识点 机械系统

原动机是产生动力源，把动力传给传动部分，再由传动部分把动力传给执行机构。执行机构输出动力，达到预想的目的。如产生切削力，对工件进行加工等。而控制部分主要控制传动部分，使传动部分产生变化，从而使执行机构输出的速度、方向等产生变化。支承部分主要作用是支承上述三部分，并把它们有机地组合起来。

其中，传动部分可以是机械的、液压的、气动的和电气的等，本书仅介绍机械传动。机械传动的方式也有很多种，如图 7-9 所示的这台车床中的件号 1 为带传动、件号 10 为齿轮传动、件号 5 为丝杆传动(螺旋传动)等。

活动 4 了解机械单个部件系统

利用常用拆装工具，将减速器箱盖拆去。在拆卸过程中，应正确选择和使用拆卸工具(注意：在移开箱盖时请注意安全，防止砸伤)。将减速器箱盖拆去后，可以看到有两根轴，如图 7-11 所示，轴上装有多个零件。有齿轮、轴承、轴套、轴承盖等，轴承装在箱体上，并支撑

图 7-11 减 速 器

着轴。齿轮装在轴上，且两齿轮相互啮合，传递转矩。轴套、轴承盖起到定位和密封的作用。这些零件组成了一个简单的机械传动系统。

知识点 机械重要概念

1. 机器

减速器是位于原动机和工作机之间，用以改变转速和转矩的机械传动装置。这类执行机械运动的装置称为机器。通过对减速器和其他机器进行分析，我们可以发现无论什么样的机器都具有以下共同特征：

(1) 它是若干人为实物的组合。

(2) 各实体之间具有确定的相对运动。

(3) 能完成机械功或转换机械能；代替或减轻人的体力或脑力劳动，提高工作效率。

2. 零件

零件是机械制造的单元，也是机械组成的最小单元。在生产与生活中可以见到各种各样的零件，根据其适用范围，又可将零件分为通用零件和专用零件。

通用零件是指在不同类的机械中均经常使用的零件。如图 7-9 减速器中的垫片、螺钉、齿轮等，它们一般都有一定的标准，也称为标准件。

专用零件是只用在某些特定类型的机械上的零件。如图 7-9 所示为减速器中的箱体与箱盖等，它们没有标准，也称为非标准件。

3. 构件

构件是机械的运动单元，构件可以是一个零件(如齿轮)，也可以是多个零件的刚性组合。如图 7-11 所示为减速器中齿轮传动部分中两个主要传动构件：小齿轮和大齿轮。零件小齿轮轮轴直接作为一个构件参与运动，而大齿轮构件由零件大齿轮、轴、键等组成。

4. 机构

机构是具有确定的、相对运动的构件的组合，它具有以下两个特征：

(1) 它是若干人为实体(构件)的组合。

(2) 各实体(构件)之间具有确定的相对运动。

机构的种类很多，本书重点介绍齿轮传动、链轮传动机构、带轮传动机构等一些常用机构。

5. 机械

它通常是机器与机构的统称。

§7.4 考核建议

职业技能考核				职业素养考核			
是否完成	完 成 情 况			安全	卫生	合作	……
	要求 1	要求 2	……				

注：此表仅供参考。

§7.5 知识拓展

平 面 机 构

平面机构是指所有构件都在同一平面或相互平行平面内运动。

1. 平面运动副

两构件直接接触，既保持联系，又能保持一定的相对运动的联结称为运动副。运动副的接触方式有点接触、线接触、面接触。如图 7-12 所示的凸轮机构中的凸轮与尖顶杆件之间为点接触；如图 7-13 所示的齿轮机构中的两个齿轮之间为线接触；如图 7-14 所示的曲柄滑块机构中的滑块与导槽之间为面接触。

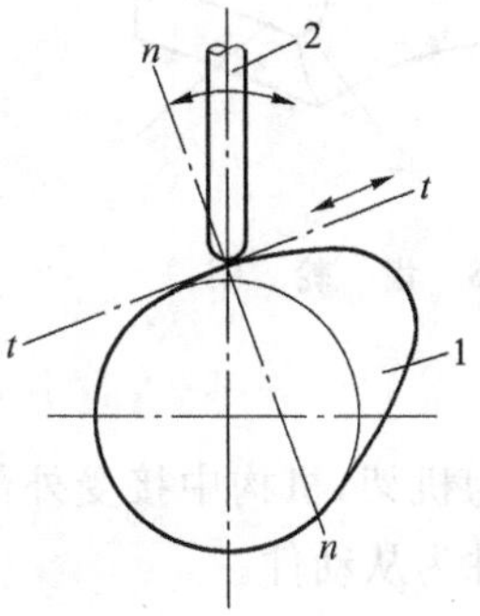

图 7-12 凸 轮 机 构

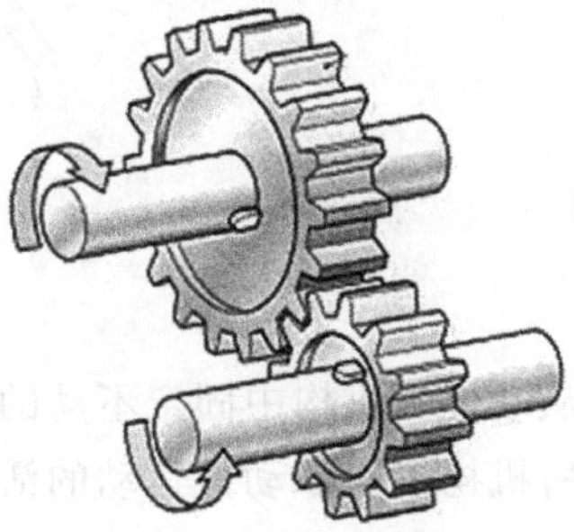

图 7-13 齿 轮 机 构

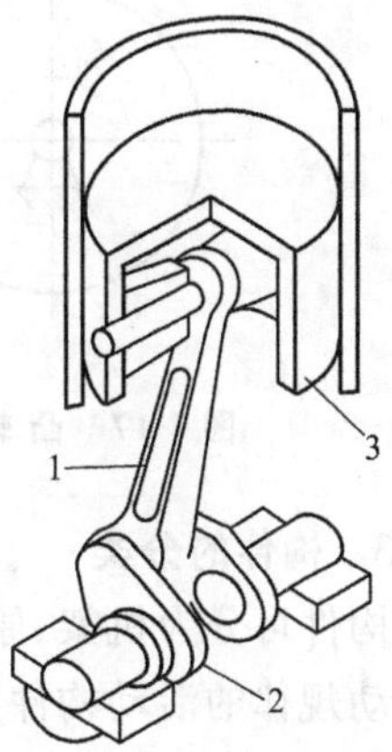

图 7-14 曲柄滑块机构

2. 运动副的分类

运动副按两构件间的接触特性可分为低副和高副。

(1) 低副：凡为面接触的运动副称为低副，按两构件间的运动特性又可分为转动副和移动副。

① 转动副：两构件间只作相对转动，也称为铰链，符号如图 7-15 所示。

② 移动副：两构件间只作相对移动，符号如图 7-16 所示。

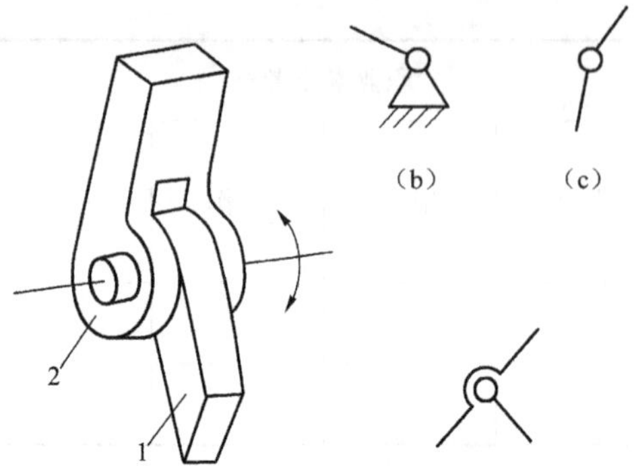

图 7-15　转　动　副

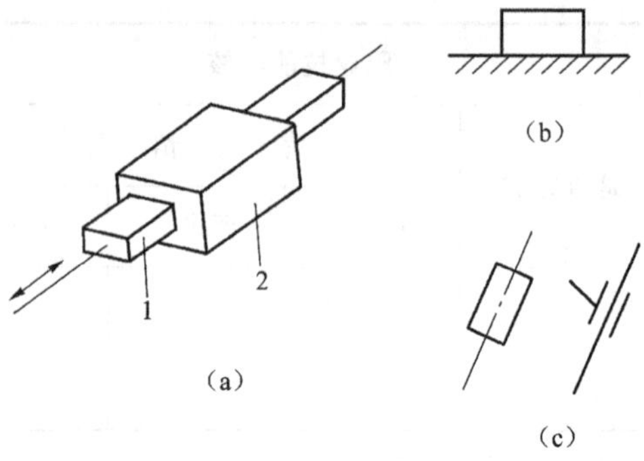

图 7-16　移　动　副

(2) 高副：凡为点、线接触的运动副称为高副，两构件既有转动又有移动。

① 凸轮尖顶副：点接触，如图 7-17 所示。

② 齿轮副：线接触，如图 7-18 所示。

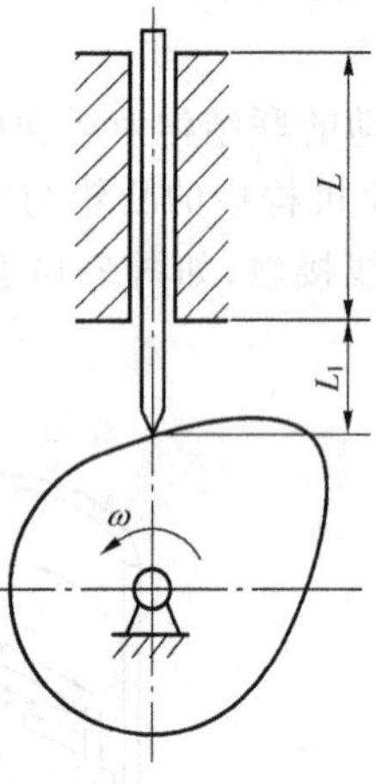

图 7-17　凸 轮 尖 顶 副

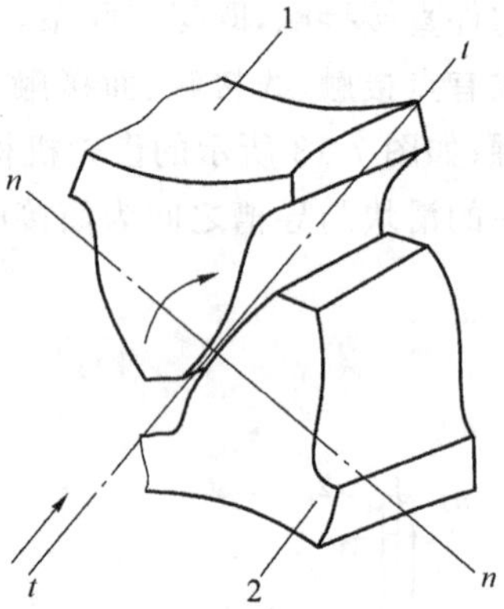

图 7-18　齿　轮　副

3. 构件的分类

构件可分为机架、原动件和从动件。机构中固定不动的构件为机架；机构中接受外部给定运动规律的活动构件为原动件；机构中随原动件运动的活动构件为从动件。

§7.6 想一想、议一议

1. 机构与机器具有的共同特征为：

(1) 它们都是若干实体的______________________________。

(2) 各实体之间具有______________________________。

2. 分组讨论：

(1) 讨论减速器中有哪些部件，根据自己的认识程度讲出其名称。

(2) 讨论生活中自己认识的机器。

(3) 讨论数控车床的系统组成。

项目八　车床箱体拆装

§8.1　能力目标

一、知识要求

(1) 理解机械支承部件的功能与组成。
(2) 理解螺纹联结件的各种类型。
(3) 理解力矩的知识。
(4) 了解螺纹联结的防松措施。

二、技能要求

(1) 能正确使用扳手等常用拆装工具。
(2) 能按顺序拆装成组螺纹联结。
(3) 在拆装过程中会对锈死螺栓进行处理。

§8.2　材料、工具及设备

车床、拆装工具、清洗和润滑工具等。

§8.3　学习内容

活动1　拆卸车床进给箱箱体上箱盖——了解其联结方式

选用合适的固定扳手(尽量不用活扳手),对进给箱的箱体和箱盖进行拆卸。在拆卸前,根据装配图所示的联结情况制订拆装工作计划,然后按工作计划进行拆装。由于箱体和箱盖联结采用的是成组螺纹螺钉联结件,故应按照成组螺钉的操作方法进行拆卸。

注意

(1) 成组螺纹联结件拆卸时,应按规定顺序,先四周后中间,或按对角线进行拆卸(见图8-1),且拆卸时应先将各螺栓拧松1～2圈,然后逐一拆卸,以免力量最后集中到一个螺栓上,造成难以拆卸或零件变形和损坏。

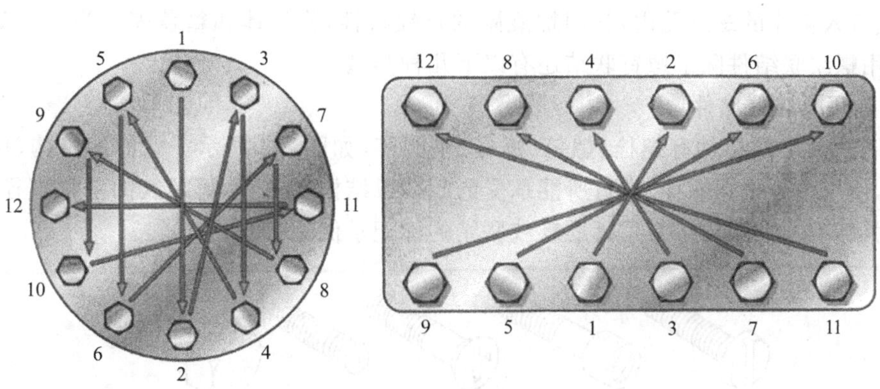

图 8-1　成组螺栓的拆卸顺序

(2) 先将处于难拆部位的螺栓卸下。

(3) 拆卸悬臂部件的环形螺栓组时,应特别注意安全。除仔细检查是否垫稳、起重索是否捆牢外,应先从下面开始按对称位置拧松螺栓,最上部的一个或两个螺栓应在最后分解吊离时取下,以免造成事故或损伤零件。

(4) 应仔细检查外部不易观察到的螺栓。确定整个螺栓组已拆完后,方可用螺钉、撬棍等工具将联结件分离。否则,容易造成零件的损伤。

(5) 拆下的零件应妥善保管,按次序排放好,以便装配。对螺栓应做好标记,避免在装配时出现错误。千万不能把拆下的零件乱扔乱放。工具和零件要分开摆放,不能混在一起,应有次序文明地进行操作。

(6) 由于箱体较重,拆装时请注意安全,防止砸伤。

一、断头螺栓、锈死螺栓螺纹联结的拆卸

如果遇到螺栓已损坏或锈死,拆不下来时该怎么办呢?

1. 断头螺栓的拆卸

在螺栓上钻孔,打入多角钢杆,再把螺栓拧出。如螺栓断在机件表面以下时,可在断头端中心钻孔,在孔内攻反旋向螺纹,用相应反旋向螺钉或丝锥拧出。如螺栓断在机件表面以上,可在断头上加焊螺母拧出,或在凸出断头上用钢锯,锯出一沟槽,然后用螺钉拧出,或用钻头把整个螺栓钻掉,重新攻比原来直径稍大的螺纹并选配相应的螺栓。

2. 锈死螺栓或螺母的拆卸

这种情况在机器的维修中经常遇到。先用手锤轻轻敲打螺栓、螺母四周,以震碎锈层,然后拧出。敲震时,用力不能过猛,也不能沿轴向敲打,只能沿径向敲打,以免使螺纹在外力的作用下损坏。也可先向拧紧方向稍拧动一些,再向反方向拧,如此反复,逐步拧出。或者在螺母、螺栓四周浇些煤油,或放上蘸有煤油的棉丝,浸透 20 分钟左右,利用煤油很强的渗透力渗入锈层,使锈层变松,然后拧出。当上述三种方法都不奏效时,若零件许可,则快速加热螺母或螺栓四周,使零件或螺母膨胀,然后快速拧出。

二、观察车床进给箱箱体和箱盖的联结

通过上述操作可以看到车床进给箱的箱体和箱盖采用了螺钉联结。螺钉穿过箱盖的通

孔，直接拧入箱体的螺纹孔内，利用螺旋副的自锁特性，将箱体和箱盖固定为一个整体的结构。常用螺纹联结件除了螺钉联结还有以下几种类型。

1. 常用螺纹联结件

常用的螺纹联结件有螺栓、螺钉、螺母、垫圈等，如图 8-2 所示。它们的结构、尺寸都已标准化，使用时可根据螺栓、螺钉所能承受的载荷或结构要求，计算螺纹的公称直径，然后根据其有关标准进行选用。常用标准螺纹联结的标记示例见表 8-1。

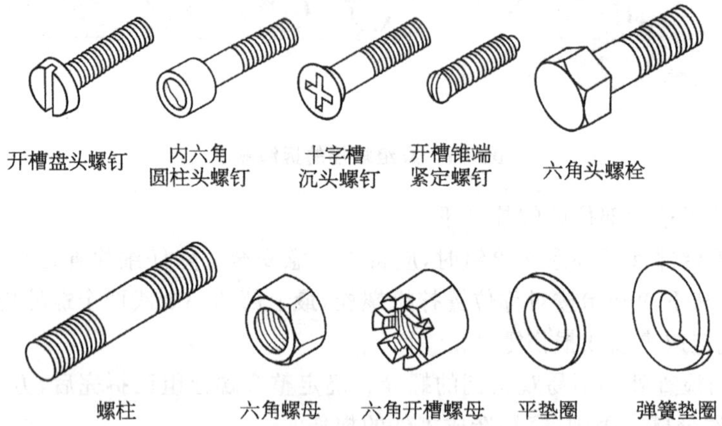

图 8-2 常用螺纹联结件

表 8-1 常用螺纹联结件标记

名 称	标 记 示 例	标 记 格 式	说 明
螺 栓	螺栓 GB/T 5780—2000 M10×40	名称 标准编号 螺纹代号×公称长度	螺纹规格 $d=10$ mm，公称长度 $l=40$ mm(不包括头部厚度)的 C 级六角头螺栓
螺 母	螺母 GB/T 6170—2000 M20	名称 标准编号 螺纹代号	螺纹规格 $d=20$ mm 的 A 级 Ⅰ型六角螺母
双头螺柱	螺柱 GB/T 899—1988 M10×40	名称 标准编号 螺纹代号×公称长度	螺纹规格 $d=10$ mm，公称长度 $l=40$ mm(不包括旋入端长度)的双头螺柱
平垫圈	垫圈 GB/T 97.2—2002 8 140 HV	名称 标准编号 公称尺寸 性能等级	公称尺寸 $d=8$ mm，性能等级为 140 HV 级，倒角型，不经表面处理的平垫圈
螺 钉	螺钉 GB/T 67—2000 M10×40	名称 标准编号 螺纹代号×公称长度	螺纹规格 $d=10$ mm，公称长度 $l=40$ mm(不包括头部厚度)的开槽盘头螺钉

2. 常用螺纹联结的基本类型

螺纹联结的方式比较多，通常有螺栓联结、双头螺柱联结和螺钉联结，如图 8-3 所示。

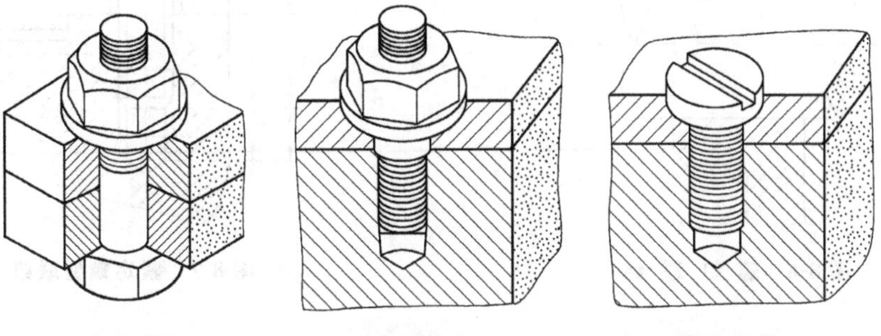

（a） 螺栓连接　　（b）螺柱连接　　（c）螺钉连接

图 8-3　螺纹联结类型的三种形式

（1）螺栓联结：螺栓联结的特点是：螺栓穿过被联结件的通孔后配有螺母和垫片。螺栓联结有普通螺栓联结和铰制孔螺栓联结两种，如图 8-4 所示。

① 普通螺栓联结：螺栓与被联结件通孔间留有间隙，螺杆与孔的加工精度要求低，结构简单，装拆方便，应用最广泛，如图 8-4(a)所示。

② 铰制孔螺栓联结：孔与螺杆多采用过渡配合，螺杆与孔的加工精度要求较高，能承受与螺栓轴线垂直方向的横向载荷、有定位作用，如图 8-4(b)所示。

（2）双头螺柱联结：当被联结件之一较厚而不能制成通孔又需经常拆卸时，可采用双头螺柱联结，如图 8-5 所示。

（3）螺钉联结：螺钉不配有螺母，螺钉穿过被联结件的通孔，直接拧入另一被联结件的螺纹孔内，其结构简单，受力不大，不宜经常装拆，如图 8-6 所示。

（4）紧定螺钉联结：将紧定螺钉拧入被联结件之一的螺纹孔内，它的末端与被联结件表面顶紧，主要起固定位置并传递不大的力或转矩，如图 8-7 所示。

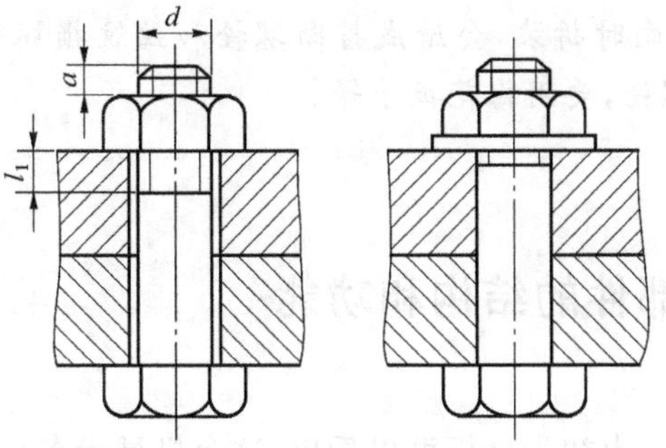

(a)　　(b)

图 8-4　螺 栓 联 结

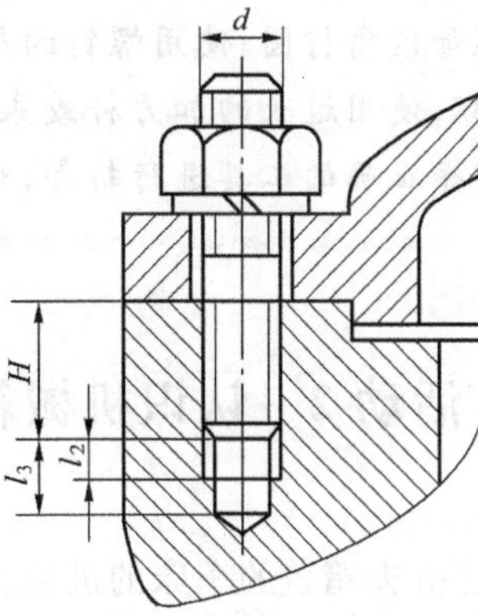

图 8-5　双头螺柱联结

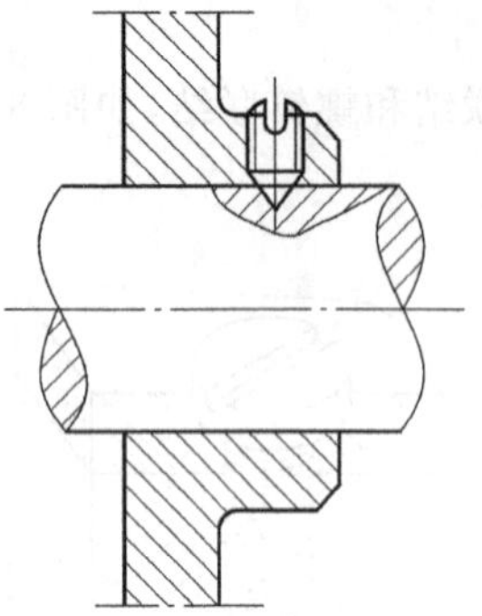

图 8-6　螺 钉 联 结

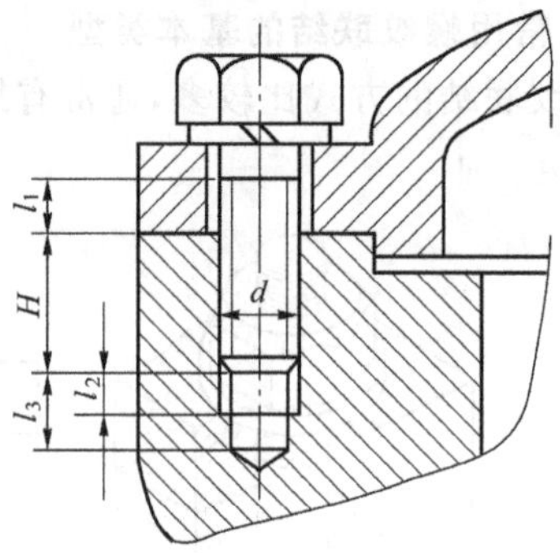

图 8-7　紧定螺钉联结

提示

机床各零部件间的相互固定和联结，一般是通过螺纹联结和导轨副联结来实现的。

知识点 联结

螺纹联结是将两个或两个以上的零件联成一体的结构。由于制造、安装、运输和维修的需要，工业上广泛采用各种联结。联结可分为两大类：一类是动联结，即运动副；另一类是静联结，即被联结零件间不允许产生相对运动的联结。

联结通常又按是否可拆分为可拆联结和不可拆联结。可拆联结在拆卸时，无需破坏或损伤联结中的任何零件，如键联结、销联结、螺纹联结等。可拆联结一般具有通用性强、可随时更换、维修方便、允许多次重复拆装等优点。不可拆联结在拆卸时，至少要破坏或损伤联结中的一个零件，如焊接、铆接、黏结或过盈联结等。不可拆联结结构简单，成本低廉。

螺纹联结件具有联结简单、便于调节，且可多次拆装等优点。螺纹联结件的拆卸比较容易，但如工具选用不当，拆卸方法不正确则可能造成其损坏。例如，使用大于螺母宽度的扳手，使得螺母棱角拧圆；使用螺钉的厚度尺寸与螺钉顶部开槽不符，或用力不当，使得开槽边缘削平损坏；使用过长的加力杆或未搞清螺纹旋向时拆装，会造成拧断螺栓和丝纹损坏等。因此，要选择正确的工具进行拆卸；如拆卸双头螺栓，要用梅花扳手等。

活动 2　认识机械箱体支承部件的结构和功能

观察已拆去箱盖的车床的进给箱（见图 8-8）。由初步分析可以看出，这台机械设备由箱体、轴承、主轴、齿轮等零部件组成，从运动观点来看，可把车床进给箱的各构件分为运动构件和非运动构件，而这些非运动构件大都是支架和箱体类的支承部件，其功能是把运动构件按一定的空间位置安装固定，以达到相关机器设备的工作要求。

图 8-8　车床进给箱

活动 3　装配进给箱箱盖和箱体

在装配车床进给箱箱盖和箱体螺纹联结前，应先将拆下的箱体和箱盖的接触表面进行清洗，其中螺钉、螺母应在机油中洗净，螺孔内的油污应用压缩空气吹净。然后把箱体和箱盖按正确的位置组合为一体，再把先前做好标记的螺钉依次旋入螺孔中。装入螺钉时，必须用油润滑，以免旋入时产生咬住现象，同时也可为以后的拆卸提供方便。最后使用合适的工具按照正确的方法进行旋紧。由于是成组的螺母，在旋紧时必须按照正确的顺序进行，并做到分次逐步旋紧，否则会使零件间压力不一致，从而引起变形或个别螺纹过载。

为了增强联结的可靠性、紧密性和刚性，提高联结的防松能力，防止受载后被联结件间出现间隙或发生相对滑动，还要对螺钉进行预紧。但过大的预紧力可能会使螺栓在装配时或偶然过载时被拉断。通常拧紧力矩依靠操作者安装经验决定，不容易控制，因此对于重要的螺纹联结，装配时应严格控制预紧力（或预紧力矩）的大小，且不宜采用直径小于 12 mm 的螺栓，通常采用指针式测力矩扳手或预置式定力矩扳手来控制预紧力矩的大小。

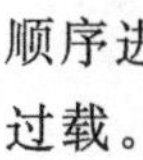

注意

旋紧长方形布置的成组螺母时，必须从中间开始，逐渐向两边对称地扩展进行。如果旋紧圆形或正方形布置的成组螺母时，必须对称进行。在装配螺钉的过程中，要保证它们联结得坚固有力，不会松动，故螺钉与零件贴合的表面应光洁、平整，贴合处的表面应当经过加工，否则容易松动或使螺钉弯曲。

知识点 螺纹联结件的预紧

螺纹联结在装配时拧紧螺母，使各联结件在承受工作载荷之前，受到预紧力的作用（螺栓受拉，被联结件受压），这就是螺纹联结的预紧。这种螺纹联结称为紧联结；不需预紧的螺纹联结，称之为松联结。

1. 螺纹联结的预紧力矩

如图 8-9 所示，在螺纹联结的预紧中，操作者给扳手施加的力为 F，力 F 距螺栓中心的距离为 L，则操作者给螺纹联结施加的力矩为：

$$T_0 = F \times L(\mathrm{N \cdot m})$$

可见，操作人员对螺纹联结施加的力矩与 F 和 L 有关，F 或 L 越大，力矩 T_0 越大，要保证螺纹联结的安全性，不至于过载而受到破坏，对于钢制 M10～M68 普通螺栓，预紧力矩 $T=(0.15\sim0.25)F_0d$，F_0 为预紧力，d 为螺栓公称直径。为保证被联结件均匀受压，装拆时应按一定顺序逐次（一般 2～3 次）拧紧或放松螺栓。

2. 联结螺纹件的受力分析

如图 8-10 所示，当螺纹联结受预紧力矩 T 时，螺栓受到 F_0 的作用，沿其轴向发生伸长变形，称为轴向拉伸；相反，如果螺栓受力沿轴向发生缩短变形，称为轴向压缩；所以，整个螺纹联结件中，在预紧力矩作用下，螺栓受轴向拉力的作用。

对于螺母，在螺纹预紧力的作用下，螺母本身存在一个发生相对错动的环截面，这种截面间发生相对错动的变形，称为剪切变形。同时，螺母和被联结件之间的接触面上，由于局部承较大的压力，而出现了塑性变形的现象——压陷，这种现象称为挤压破坏，作用于接触面间的压力称为挤压力。

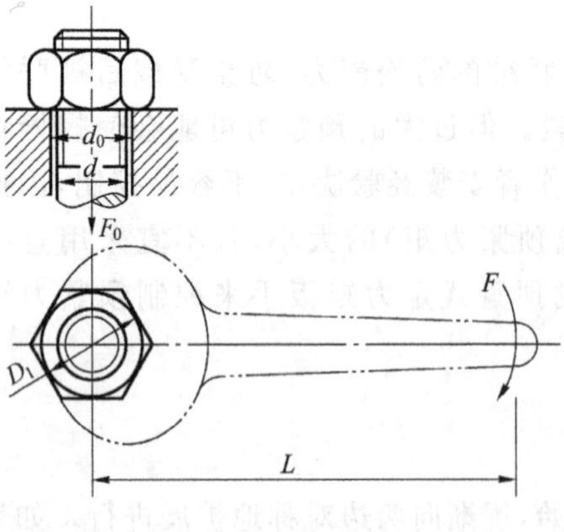

图 8-9 力 矩

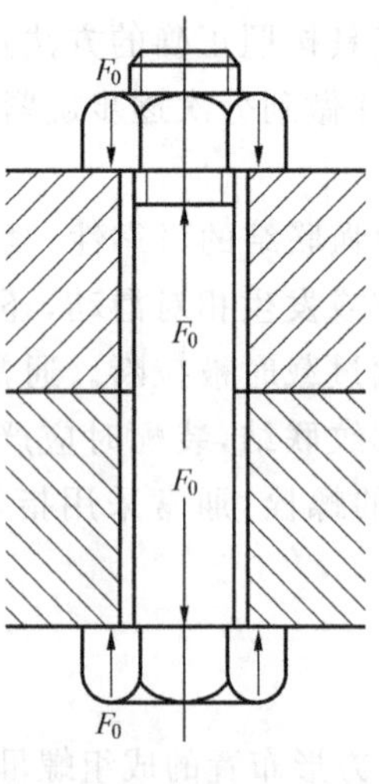

图 8-10 螺栓受力图

提示

预紧力过大会损坏螺纹联结件，过小就达不到预紧的目的。

在静载、工作温度变化不大时，螺纹联结件自锁可靠，不会松动。但受有冲击、振动、变载荷或温度变化较大时，螺纹联结常失去自锁能力，产生自动松脱现象。为确保机器正常工作，避免事故，螺纹联结要采取有效的防松措施。常用的防松方法见表 8-2。

表 8-2　螺纹联结常用的防松方法

摩擦力防松	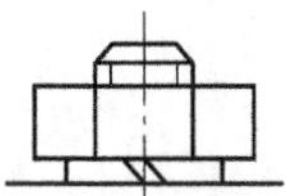 弹簧垫圈	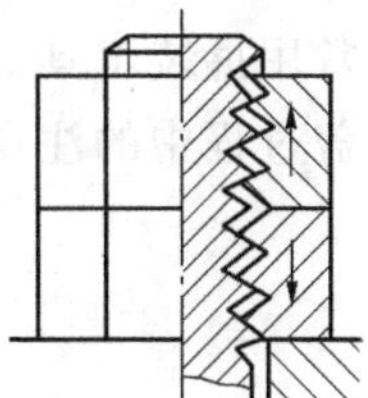 对顶螺母	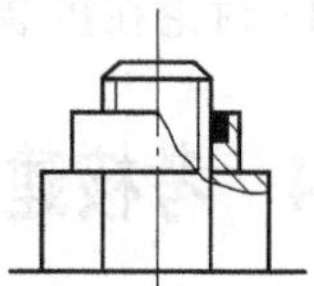 尼龙圈锁紧螺母
	弹簧垫圈材料为弹簧钢，装配后垫圈被压平，其反弹力能使螺纹间保持压紧力和摩擦力	利用两螺母的对顶作用使螺栓始终受到附加的拉力和附加的摩擦力。结构简单，可用于低速重载场合	螺母中嵌有尼龙圈，拧上后尼龙圈内孔被胀大，箍紧螺栓
机械防松	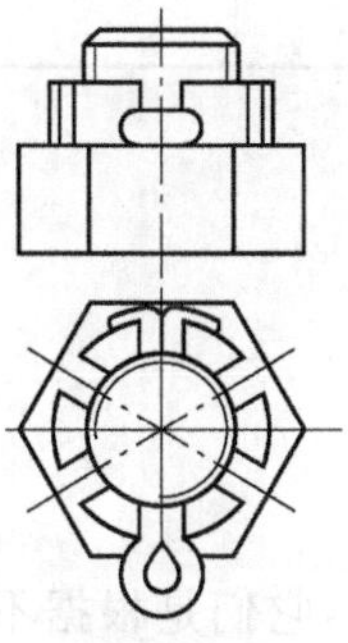 六角开槽螺母和开口销	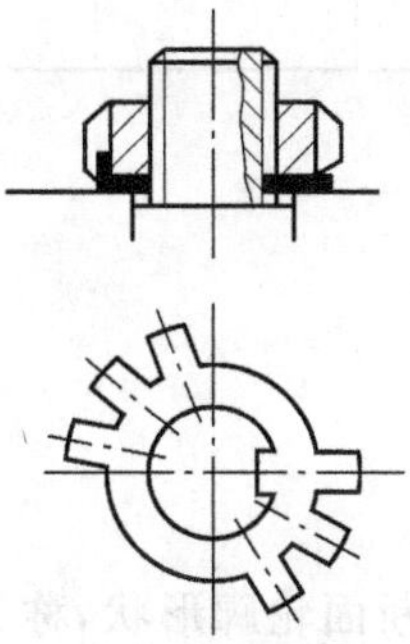 圆螺母用止动垫圈	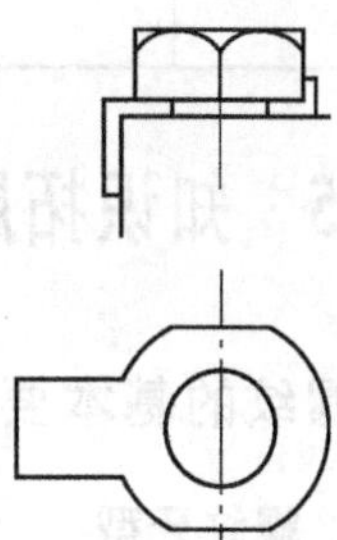 带舌止动垫圈
	六角开槽螺母拧紧后，用开口销穿过螺栓尾部小孔和螺母的槽，也可以用普通螺母拧紧后再配钻开口销孔	使垫圈内翅嵌入螺栓(轴)的槽内，拧紧螺母后将垫圈外翅之一褶嵌于螺母的一个槽内	将垫圈褶边以固定螺母和被联接件的相对位置
其他方法防松	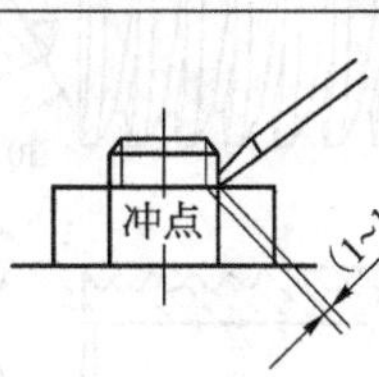 冲点法防松 用冲头冲 2～3 点	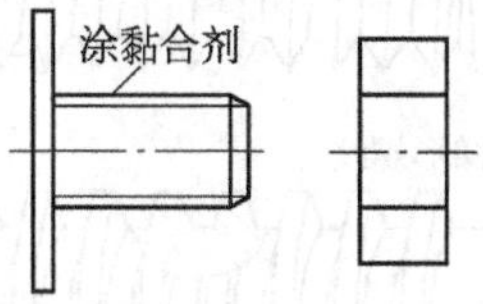 黏合法防松 用黏合剂涂于螺纹旋合表面，拧紧螺母后黏合剂能自行固化，防松效果良好	

提示

在各种工作环境下，螺纹联结必须满足的基本要求是：一要有足够的强度和刚度，不能断裂和压坏；二要联结可靠，不松动，并有防松措施。

活动设计

(1) 带领学生拆装车床进给箱箱体上的箱盖，使学生了解箱体和箱盖的联结方式；能按顺序拆装成组螺纹联结。

(2) 讨论车床螺纹联结件的各种类型。

(3) 讨论如何正确使用扳手等常用拆装工具。

(4) 讨论在拆装车床进给箱箱盖过程中的注意事项。

§8.4 考核建议

职业技能考核				职业素养考核			
是否完成	完成情况			安全	卫生	合作	……
	要求 1	要求 2	……				

§8.5 知识拓展

一、螺纹的基本要素

1. 螺纹牙型

通过螺纹轴心线剖切所得的断面轮廓形状，称为螺纹的牙型，它们是根据不同的作用和制造条件来决定的。通常螺纹牙型有三角形牙型(60°、55°)、梯形牙型、锯齿形牙型等，如图 8-11 所示。

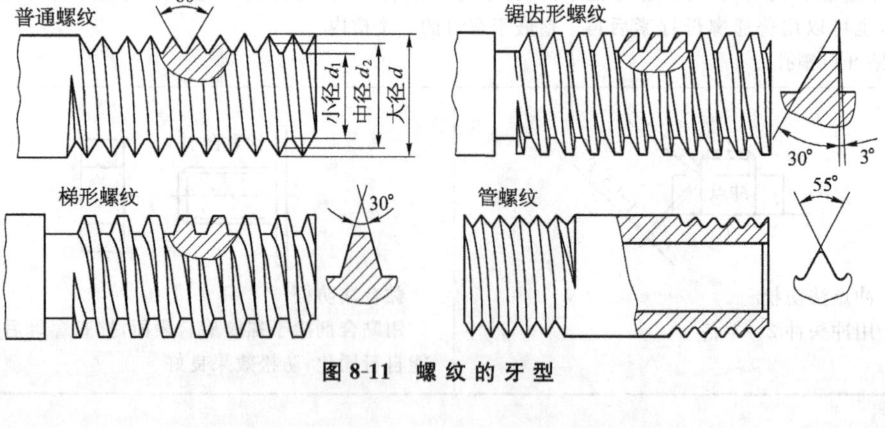

图 8-11 螺纹的牙型

2. 螺纹直径

螺纹的直径有大径(外螺纹 d,内螺纹 D)、小径(外螺纹 d_1,内螺纹 D_1)、中径(外螺纹 d_2,内螺纹 D_2),如图 8-12 所示。

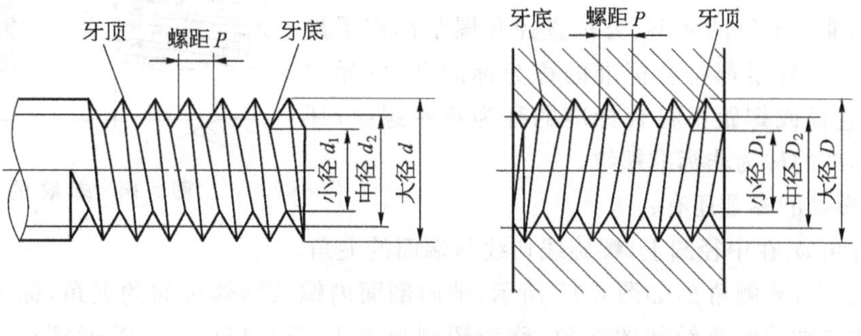

图 8-12　内、外螺纹结构名称及基本要素

大径——与外螺纹牙顶或内螺纹牙底相切的假想圆柱的直径,外(内)螺纹的公称直径。

小径——与外螺纹牙底或内螺纹牙顶相切的假想圆柱的直径。

中径——通过牙型上沟槽和凸起宽度相等处的一个假想圆柱的直径,可认为是外(内)螺纹的平均直径。

3. 线数(n)

线数是指螺纹起始处槽口的数目,按螺旋线数目的多少,可将螺纹分为单线和多线螺纹,如图 8-13 所示。沿一条螺旋线形成的螺纹称为单线螺纹;两条以上螺旋线形成的螺纹称为多线螺纹;常见的多线螺纹有双线、三线和四线,但一般机械大多采用单线螺纹。

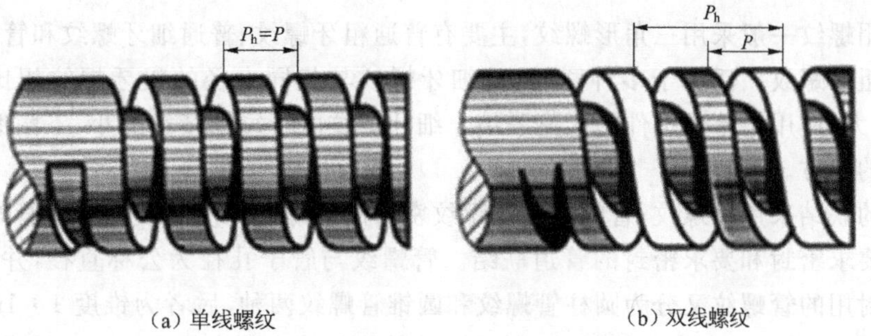

(a) 单线螺纹　　(b) 双线螺纹

图 8-13　螺纹线数、导程与螺距

4. 螺距(P)和导程(P_h)

螺纹相邻两牙在中径线上对应点的轴向距离称为螺距,同一条螺旋线上的相邻两牙在中径线上对应两点间的轴向距离称为导程。单线螺纹的导程等于螺距($P_h=P$);双线螺纹的导程等于 2 倍螺距($P_h=2P$);多线螺纹的导程=螺距×线数,即 $P_h=nP$。如图 8-13 所示。

5. 旋向

螺纹有左旋和右旋之分。沿旋进方向观察时,顺时针旋转时旋入的螺纹为右旋螺纹,右旋螺纹为常用的螺纹，逆时针旋转时旋入的螺纹为左旋螺纹，如图 8-14 所示。

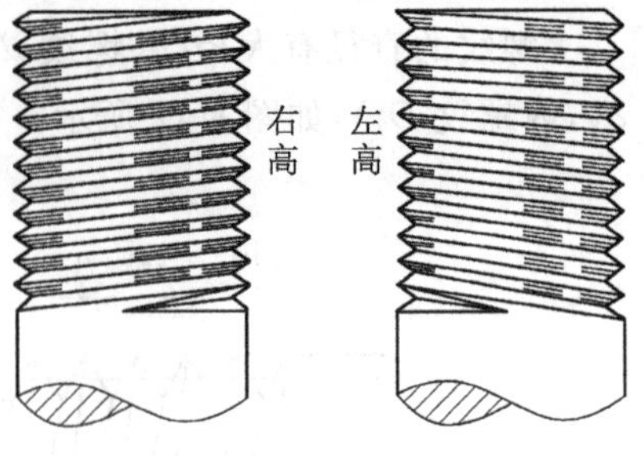

图 8-14 螺纹的旋向

外螺纹和内螺纹成对使用，但只有当上述五个要素完全相同时，才能旋合在一起。

国家标准对螺纹的牙型、公称直径和螺距都作了规定，凡是这三个要素都符合标准的称为标准螺纹；牙型符合标准、直径或螺距不符合标准的称为特殊螺纹；牙型不符合标准的称为非标准螺纹。

另外，螺纹的参数还有：

螺旋升角 ψ：在中径圆上，螺旋线切线与端面的夹角。

牙型角 α 与牙侧角 β：如图 8-15 所示，轴向剖面内螺纹两侧边间的夹角，称为牙型角 α；螺纹一侧边与轴线的垂线间的夹角，称为牙侧角 β[见图 8-15(a)]。普通螺纹 $\alpha=60°$，$\beta=\alpha/2=30°$[见图 8-15(b)]；梯形螺纹 $\alpha=30°$、$\beta=15°$[见图 8-15(c)]；锯齿形螺纹 $\alpha=33°$、$\beta=3°$、30°[见图 8-15(d)]。

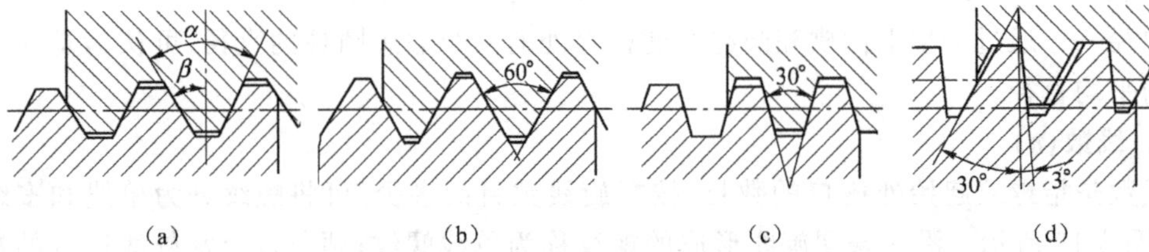

图 8-15 牙型角 α 与牙侧角 β

联结用螺纹一般采用三角形螺纹，主要有普通粗牙螺纹、普通细牙螺纹和管螺纹。

普通粗牙螺纹广泛用于多种联结，而细牙螺纹与相同大径的粗牙螺纹相比，它的螺距小，而小径大，适用于薄壁构件的紧密联结。细牙螺纹由于每圈接触面小，不耐磨，只适用于不常装拆的地方。

管道的联结采用管螺纹，管螺纹分非螺纹密封的管螺纹和用螺纹密封的管螺纹两类，分别用于不要求密封和要求密封的管道联结。管螺纹与管子孔径为公称直径，并用英寸数值表示。密封用的管螺纹又分为圆柱管螺纹和圆锥管螺纹两种，后者为锥度 1∶16 的管螺纹。圆柱管螺纹广泛用于水、煤气管道的联结，圆锥管螺纹密封性好，适用于密封要求较高的管道联结。

二、螺纹的加工

螺纹是在圆柱或圆锥表面上，沿着螺旋线形成的具有规定牙型(如等边三角形、梯形、锯齿形等)的连续凸起(牙)。在零件外表面上加工出的螺纹称为外螺纹，在零件内表面(如圆孔)加工出的螺纹称内螺纹。

各种螺纹主要根据螺旋线原理加工而成的。螺纹的加工大部分采用机械化批量生产，小批量或单件上的外螺纹可在车床上加工，如图 8-16 所示。内螺纹可以在车床上加工，也可在工件上钻孔，再用丝锥攻制而成，如图 8-17 所示。

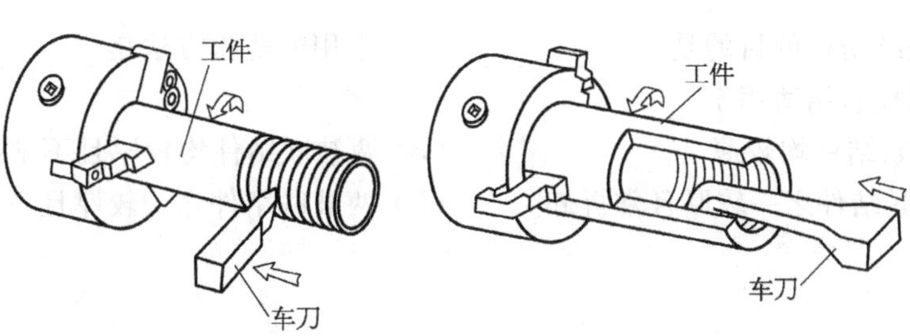

（a）车外螺纹　　（b）车内螺纹

图 8-16　车床上内外螺纹的加工

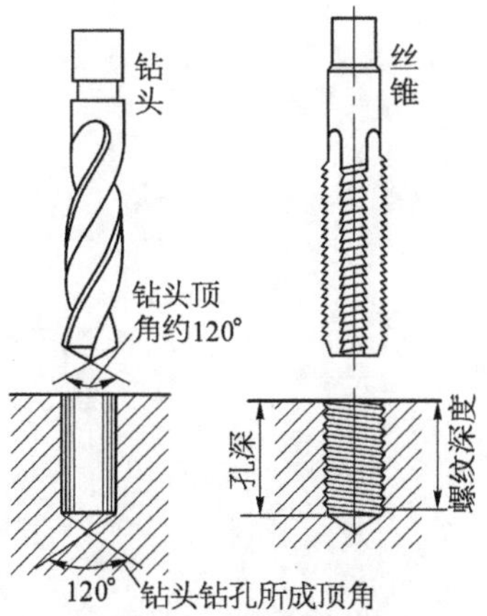

图 8-17　内螺纹的攻丝

§8.6　想一想、议一议

1. 螺纹联结通常分为：__________和__________两种类型。

2. 在国标中，螺纹的__________、__________和__________三个要素都符合国家标准的，称为标准螺纹。

3. 如图 8-18 所示的螺纹联结，请说明分别为什么类型的螺纹联结：

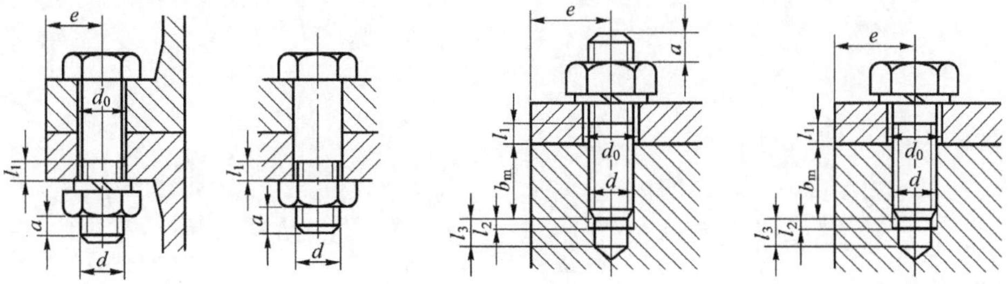

（a）　（b）　（c）　（d）

图 8-18　习　题　图

（a）______________________________　（b）______________________________

（c）______________________________　（d）______________________________

4. 螺纹联结防松的目的是________________,常用的防松方法是________________。

5. 双头螺柱联结适用于________。

(A) 两被联结件均较薄　　(B) 两被联结件均较厚且不常拆卸

(C) 两被联结件之一较厚且常拆卸　　(D) 两被联结件之一较厚且不常拆卸

项目九　导轨副的拆装

§9.1　能力目标

一、知识要求

（1）了解导轨的类型。

（2）了解导轨副的结构。

二、技能要求

（1）能检测导轨的精度。

（2）能正确安装导轨。

§9.2　材料、工具及设备

车床、拆装工具、百分表、清洗和润滑工具等。

§9.3　学习内容

活动1　拆卸车床导轨副

按项目八的要求，将一台普通车床的拖板拆去。在拆卸过程中，应注意导轨面的保护，以免损坏导轨面。拆卸滑块座的步骤如下：

（1）按对角线顺序拧下基准侧和非基准侧滑块座上各个螺钉。

（2）拧下基准侧滑块座侧面压紧装置上的各个螺钉。

（3）将工作台从滑块座的平面上移下，由于拖板较重，应注意安全以免砸伤。

拆去拖板后可以看到如图9-1所示的车床导轨。此导轨是滑动导轨，截面形式为不对称三角形，它属于机床导轨中使用最广泛的类型，也是其他形式导轨的基础。

除此之外，导轨形式还有矩形导轨、圆形导轨、燕尾形导轨等，如图9-2所示。导轨副是机床中常见的联接结构。机械设备中的联接结构形式除了螺纹联接等静联接外，导轨联接结构是常见的移动副，是机械联接中的一类重要结构——动联接。

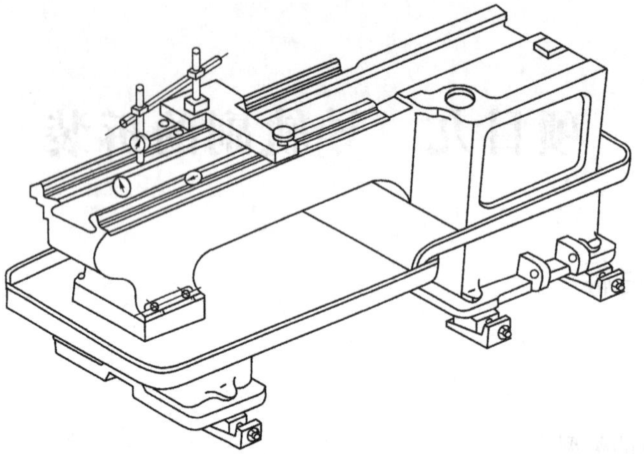

图 9-1　车床中的导轨副

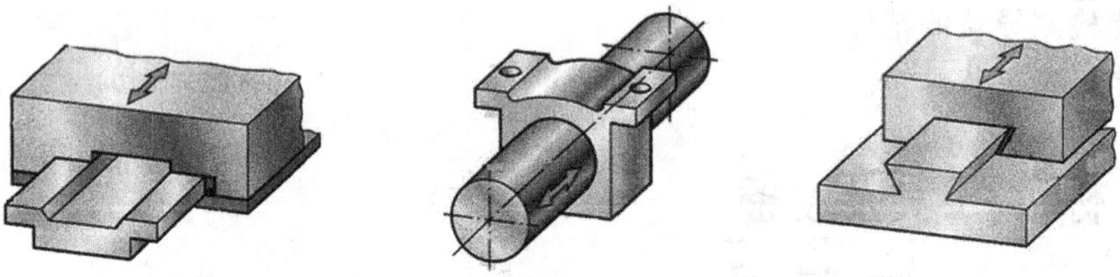

(a) 矩形导轨（平面导轨）副　(b) 燕尾形导轨（楔形导轨）副　(c) 圆形导轨副

图 9-2　滑动导轨副

机床的导轨是用于支承和引导部件沿着一定的轨迹准确运动或起夹紧定位作用的轨道。当运动件沿着支承导轨件作直线运动时，支承导轨件上的导轨起支承和导向的作用，即支承运动件和保证运动件在外力（外载荷及构件本身重量）的作用下，沿给定的方向进行直线运动。

知识点　导轨的分类和结构

1. 导轨的分类

导轨按运动形式分为直线导轨和环形导轨；按摩擦性质分为滑动导轨、滚动导轨、静压导轨和气浮导轨；按导轨材料分为铸铁导轨、钢导轨和塑料导轨；按工作性质分为主运动导轨、进给运动导轨、调整运动导轨；按受力情况分为开式导轨、闭式导轨。

2. 滑动导轨的结构

滑动导轨截面的基本形式如表 9-1 所示，表中的滑动导轨形式除了圆形导轨外均为直线形滑动导轨。

表 9-1　滑动导轨的截面形式

	对称三角形	不对称三角形	矩形	燕尾形	圆形
凸形	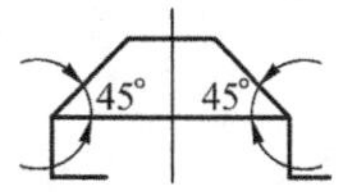	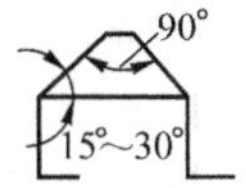	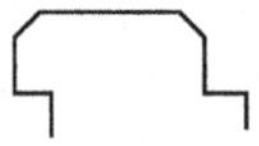	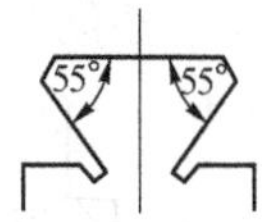	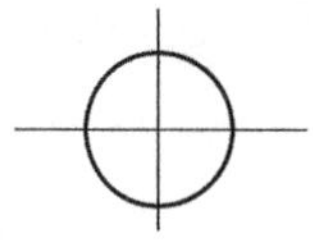
凹形	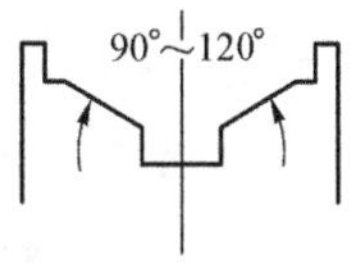	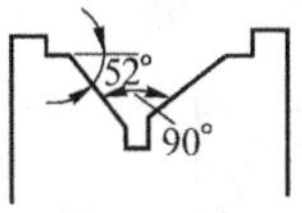	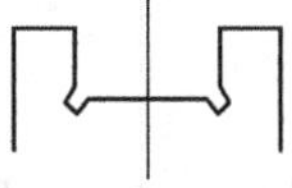	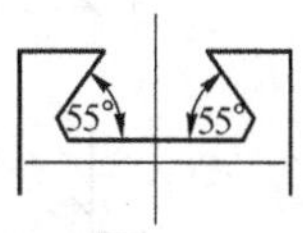	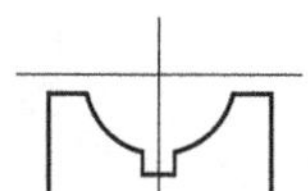

(1) 三角形导轨：该导轨磨损后能自动补偿，故导向精度高。它的截面角度由载荷大小及导向要求而定，一般为 90°。为增加承载面积，减小比压，在导轨高度不变的条件下，采用较大的顶角(110°～120°)，为提高导向性，采用较小的顶角(60°)。如果导轨上所受的力在两个方向上的分力相差很大，应采用不对称三角形，以使力的作用方向尽可能垂直于导轨面。

(2) 矩形导轨(平面导轨)：矩形导轨优点是结构简单，制造、检验和修理方便。导轨面较宽，承载力较大，刚度高，故应用广泛，但它的导向精度没有三角形导轨高，导轨间隙需用压板或镶条调整，且磨损后需重新调整。

(3) 燕尾形导轨：燕尾形导轨的调整及夹紧较简便，用一根镶条可调节各面的间隙，且高度小，结构紧凑，但制造检验不方便，摩擦力较大，刚度较差。用于运动速度不高、受力不大、高度尺寸受限制的场合。

(4) 圆形导轨：圆形导轨制造方便，外圆采用磨削，内孔珩磨可达精密的配合，但磨损后不能调整间隙。为防止转动，可在圆柱表面开键槽或加工出平面，但不能承受大的扭矩。宜用于承受轴向载荷的场合。如拉床、钻床的主轴和导向套组成的导轨副。

(5) 环形滑动导轨(见图 9-3)：环形滑动导轨用于圆工作台、转盘等旋转运动部件，图 9-3(a)所示为平面圆环导轨，必须配有工作台心轴轴承，用得较多。图 9-3(b)所示为锥形圆环导轨，能承受轴向和径向载荷，但制造较困难。图 9-3(c)所示为 V 形圆环导轨，制造复杂。

不管是直线还是圆环导轨，它们还可分为凸形导轨副与凹形导轨副(按固定导轨的凹凸情况)。

① 凸形导轨副：不易积存切屑，但也不易存油，故常用于低速移动的场合。

② 凹形导轨副：能存油，润滑条件好，用于速度较快的场合，但必须有充分的防护措施。

(6) 常用滑动导轨组合形式：

① 三角形和矩形组合：这种组合形式如图 9-4 所示，有 V—平组合[图 9-4(a)]、棱—平组合[图 9-4(b)]两种形式，以三角形导轨为导向面，导向精度较高，而平导轨的工艺性好，因此应用最广。V—平组合导轨易储存润滑油，低、高速都能采用；棱—平组合导轨不能储存润滑油，只用于低速移动。

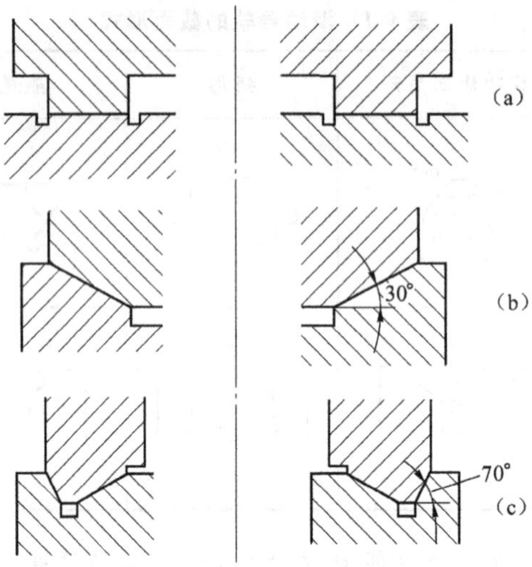

图 9-3　环形滑动导轨

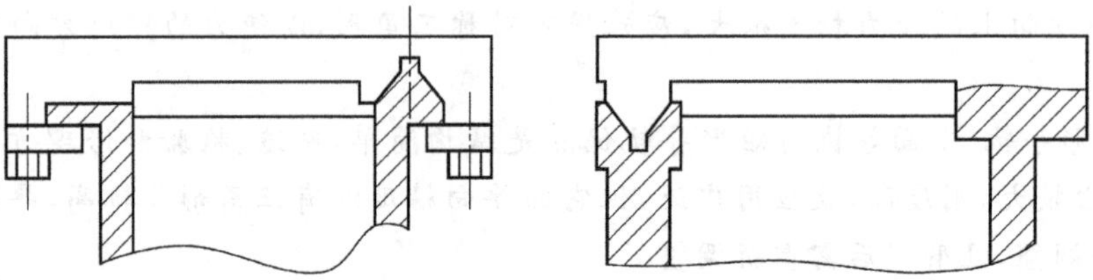

(a) V—平组合导轨　　(b) 棱—平组合导轨

图 9-4　三角形和矩形组合导轨

注意

为使导轨移动轻便省力和两导轨磨损均匀，驱动元件应设在三角形导轨之下，或偏向三角形导轨。

② 矩形和矩形组合：矩形和矩形组合如图 9-5 所示，承载面和导向面分开，因而制造和调整简单。导向面的间隙用镶条调整，接触刚度低。

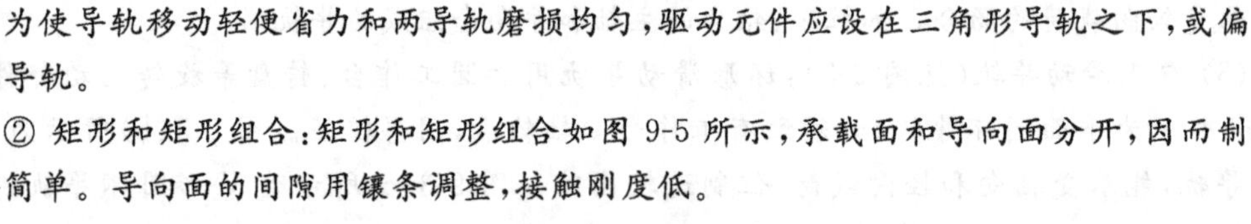

图 9-5　矩形和矩形组合导轨

③ 双三角形导轨：由于采用对称结构，两条导轨磨损均匀，磨损后对称位置不变，故加工精度影响小。接触刚度好，导向精度高，但工艺性差，四个表面刮削或磨削也难以完全接触，如果运动部件热变形不同，也不能保证四个面同时接触，故不宜用在温度变化大的场合。

活动 2　清洗检查导轨副

对已拆下的导轨副应进行清洗，要求对全部拆卸件都进行清洗。应彻底清除表面上的脏物，检查其磨损痕迹、表面裂纹和砸伤缺陷，检查压紧装置有无损坏，检查导轨副的尺寸公差和形位公差等。

通过检查，决定零件的再用、修复或更换情况。必须重视再用零件或新换零件的清理，要清除由于零件在使用中或者加工中产生的毛刺。例如，轴类零件的螺纹部分、孔轴滑动配合件的孔口部分都必须清理掉零件上的毛刺、毛边，这样才有利于装配工作与零件功能的正常发挥。零件清理工作必须在清洗过程中进行，清洗后用压缩空气吹干，涂上机油防止零件生锈。若用化学碱性溶液清洗零件，洗涤后还必须用热水冲洗，防止零件表面腐蚀。

知识点 清洗溶液的选择和清洗方法

1. 清洗溶液的选择

(1) 煤油或轻柴油在清洗零件中应用较广泛，它能清除一般油脂，对铸件、钢件、有色金属件都可清洗，使用比较安全，但挥发性较差。对于精密零件最好使用含有添加剂的专用汽油进行清洗。

(2) 为了节约燃料，金属清洗剂正在大力研究和推广使用中，市场价格便宜，有良好的使用性、适用性。

2. 清洗方法

清洗方法主要有：擦洗、浸洗、喷洗、气相清洗以及超声波清洗等。

(1) 擦洗：操作简便，使用设备简单，但生产效率低。常用于单件、小批量的中小型零件以及大型零件的局部清洗。清洗液一般用汽油、煤油、轻柴油或化学清洗液。有特殊要求的可用乙醇、丙酮进行清洗等。

(2) 浸洗：将被清洗的轴承零件浸入相应的清洗液中浸泡，使油污被溶解或与清洗液起化学作用而被清除。它适用于批量大、轻度黏附油污的零件。各种清洗液均可使用。

(3) 喷洗：将具有一定压力和温度的清洗液向零件表面喷射，以清除油垢。此法清洗效果好，生产效率也高，但设备较复杂。常用于表面黏附较严重的油垢和半固体油垢的零件。

(4) 气相清洗：利用含有清洗剂的蒸汽与油垢发生作用，以除去油垢。当前使用的只有三氯乙烯等蒸汽。此法生产率高，清洗效果好，但设备复杂，易污染，劳动保护要求高。适用于表面附有中等油污的中小型零件。

(5) 超声波清洗：在盛满清洗液的容器内，装入油垢的零件，然后将超声波引入清洗液内。在超声波的作用下，清洗液中会产生大量空化气泡，且不断涨大，然后爆裂。爆裂时产生几百乃至几千个大气压的冲击波，使轴承表面的油垢剥落，以达到清洗的目的。此法清洗效果好，生产效率高，适用于清理要求高的零件。碱液、化学清洗液、煤油、柴油、三氯乙烯等清洗液均可用于超声波清洗。

活动 3 安装与检测导轨副

由于机床导轨副的两个主要部件滑块（被支承件）和轨道要求有平稳的相互运动，它们之间的配合是间隙配合，所以机床导轨副的安装工作主要是安装前的检查和安装后的间隙调整和润滑维护。

1. 安装前的检查

在安装导轨副前，必须对导轨副的各零件进行严格检查。

（1）检查导轨是否有合格证。

（2）检查导轨副配合面是否有碰伤或锈蚀，如有锈蚀需用防锈油清洗干净，并清除装配表面的毛刺、撞击凸起物及污物等。

（3）检查导轨副的尺寸和形位公差是否符合要求，尤其是检查导轨的直线度公差。

（4）检查装配联接部位的螺栓孔是否吻合，如果发生错位而强行拧入螺栓，将会降低运行精度。

（5）对滑块（被支承件）和轨道及所有零件进行清洁，必要时涂上润滑油。

2. 按计划进行安装

（1）将导轨基准面紧靠机床装配表面的侧基面对准螺孔，将导轨轻轻地用螺栓予以固定。

（2）上紧导轨侧面的顶紧装置，使导轨基准侧面紧紧靠贴床身的侧面。

（3）按表 9-2 的参考值，用力矩扳手拧紧导轨的安装螺钉，注意从中间开始按交叉顺序向两端拧紧。

表 9-2 推荐拧紧力矩

螺钉规格	M3	M4	M5	M6	M8	M10	M12	M14
拧紧力矩（N·m）	1.6	3.8	7.8	11.7	28	60	100	150

3. 安装滑块座

（1）将工作台置于滑块座的平面上，并对准安装螺钉孔，轻轻地压紧。

（2）拧紧基准侧滑块座侧面的压紧装置，使滑块座基准侧面紧紧靠贴工作台的侧基面。

（3）按对角线顺序拧紧基准侧和非基准侧滑块座上各个螺钉。

注意

在安装过程中，应注意导轨面的保护，以免损坏导轨面。由于拖板较重，要注意安全，以免砸伤。

4. 检测导轨副

导轨副安装精度的高低，直接决定了机床的加工精度。导轨副安装完毕后，应检查其全行程内运行是否轻便、灵活，有无阻滞现象，检查导轨副表面有无划痕和缺陷，摩擦阻力在全行程内不应有明显的变化。达到此要求后，再检查工作台的运行直线度、平行度是否符合要求。运行直线度、平行度通过百分表进行测量。

（1）测量尾座导轨对溜板导轨平行度误差，如图 9-1 所示。将板桥横跨在溜板导轨上，触头触及导轨面 4、5、6 上，移动板桥，在全长上进行测量，百分表读数差即为其平行度误差。

（2）测量溜板导轨水平面内的直线度误差，如图 9-6 所示。移动板桥，百分表在导轨全长范围内最大读数与最小读数之差，为导轨水平面内的直线度误差。

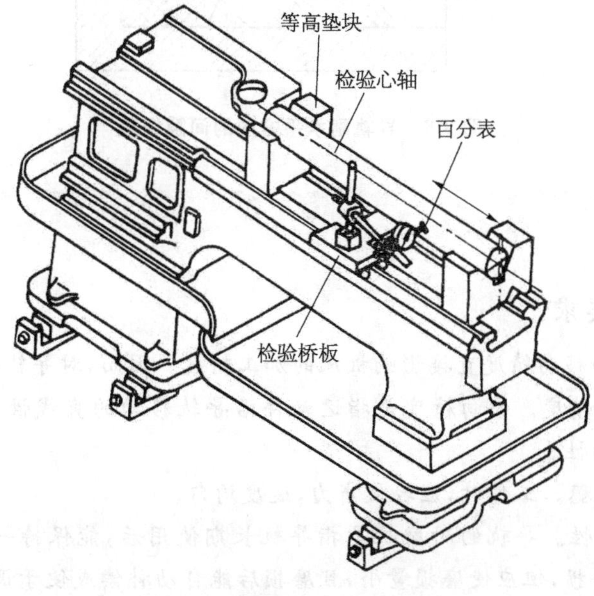

图 9-6　导轨副安装后的检测

5. 调整导轨副的间隙

为保证导轨正常工作，导轨滑动表面之间应保持适当的间隙。间隙过小，会增加摩擦阻力；间隙过大，会降低导向精度。导轨的间隙如依靠刮研来保证，要花费很大的劳动量，而且导轨经过长期使用后，会因磨损而增大间隙，需要及时进行调整，故矩形、燕尾形导轨必须具有间隙调整装置。

矩形导轨需要在垂直和水平两个方向上调整间隙。

（1）在垂直方向上，一般采用下压板调整它的底面间隙，其方法有：刮研或配磨下压板的结合面，见图 9-7(a)，用螺钉调整镶条位置，见图 9-7(b)，改变垫片的片数或厚度，见图 9-7(c)。

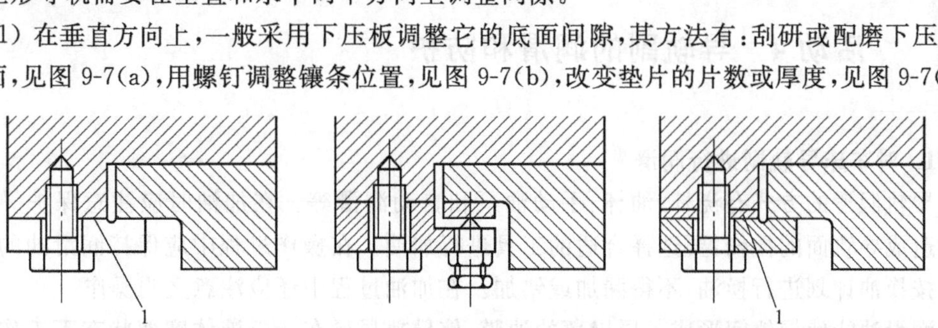

(a) 刮研或配磨下压板的结合面　　(b) 用螺钉调整镶条位置　　(c) 改变垫片的片数或厚度

图 9-7　导轨副垂直方向上的间隙调整

(2) 在水平方向上，常用平镶条或斜镶条调整它的侧面间隙，见图 9-8。圆形导轨的间隙不能调整，三角形导轨磨损后可自动调整。

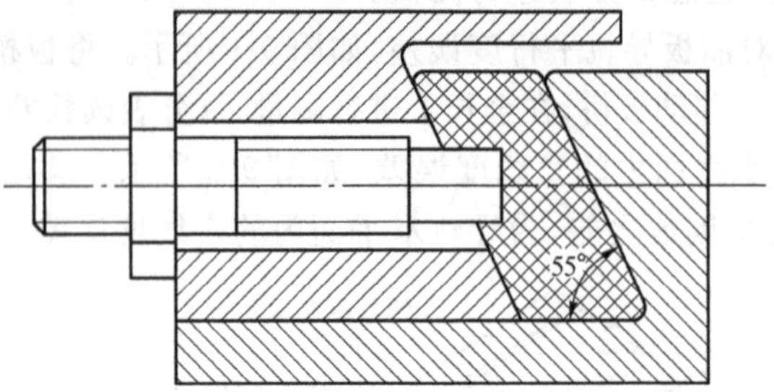

图 9-8　导轨副水平方向的间隙调整

知识点 对导轨的要求

轨道的准确度和移动精度直接影响机床的加工精度。因而，对导轨有以下要求：

(1) 一定的导向精度。导向精度是指运动件沿导轨移动的直线性，以及它与有关基面间的相互位置的准确性。

(2) 运动轻便平稳。工作时，应轻便省力，速度均匀。

(3) 良好的耐磨性。导轨的耐磨性是指导轨长期使用后，能保持一定的使用精度。导轨在使用过程中要磨损，但应使磨损量小，且磨损后能自动补偿或便于调整。

(4) 足够的刚度。运动件所受的外力是由导轨面承受的，故导轨应有足够的接触刚度。为此，常用加大导轨面宽度，以降低导轨面比压，设置辅助导轨，以承受外载。

(5) 温度变化影响小。应保证导轨在工作温度变化的条件下，仍能正常工作。

(6) 结构工艺性好。在保证导轨其他要求的前提下，应使导轨结构简单，便于加工、测量、装配和调整，降低成本。必须指出，以上 6 点要求是相互影响的。

活动 4　导轨副的润滑和防护

1. 对车床导轨副进行润滑

导轨润滑的方式有浇杯、油杯、手动油泵和自动润滑等。在加油时应注意保护导轨面，不能造成导轨面的损伤，要选择合适的工具进行加油。在操作过程中应保持润滑油的清洁。严格按换油计划进行换油，不得漏加或错加。在加油过程中还应注意文明操作。

润滑油能使导轨间形成一层极薄的油膜，使导轨尽量在接近液体摩擦状态下工作，阻止或减少导轨面直接接触，减小摩擦和磨损，以延长导轨的使用寿命。同时，对于低速重载运动，润滑油可以防止发生“爬行”；对于高速运动，润滑油可以减少摩擦热，减少热变形。

知识点 润滑油的选择

选用机床导轨润滑油时主要考虑下列因素：

(1) 既作液压介质又作导轨油的润滑油：根据不同类型的机床导轨的需要，可选用作液压介质的导轨润滑油，既要满足导轨的要求，又要满足液压系统的要求。例如对于像坐标镗床之类的机床，导轨油的黏度应选择得高些(50℃时为 40～90 mm^2/s)。而各类磨床，导轨润滑油由液压系统供给，而液压系统的要求较高，此时导轨液压润滑油的黏度应选得低些(50℃时为 20～40 mm^2/s)，即液压系统所需的黏度。

(2) 按滑动速度和平均压力来选择黏度。

(3) 可根据国内外机床导轨润滑实际应用要求选择润滑油。

2. 对车床导轨副进行防护

导轨的防护装置用来防止切削、灰尘等赃物落到导轨表面，以免使导轨擦伤、生锈和过早的磨损。为此，在运动导轨端部安装刮板，采用各种式样的防护罩，使导轨不外露等办法进行防护，如图 9-9 所示。

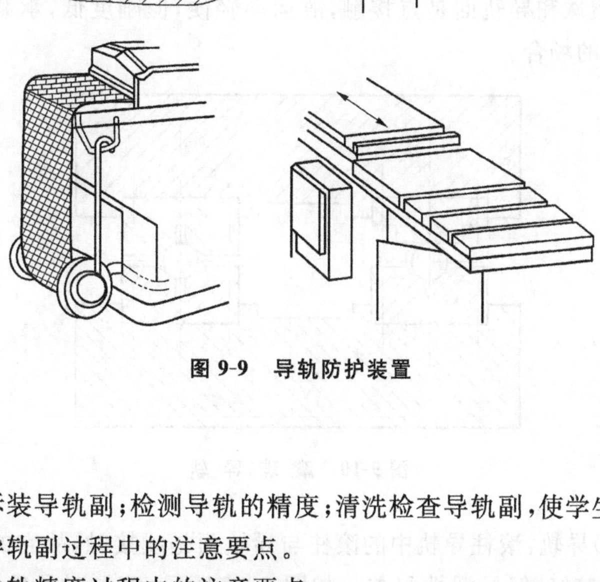

图 9-9　导轨防护装置

活动设计

(1) 带领学生拆装导轨副；检测导轨的精度；清洗检查导轨副，使学生掌握上述方法。

(2) 讨论拆装导轨副过程中的注意要点。

(3) 讨论检测导轨精度过程中的注意要点。

(4) 讨论清洗检查导轨副过程中的注意事项。

§9.4 考核建议

职业技能考核				职业素养考核			
是否完成	完 成 情 况			安全	卫生	合作	……
	要求 1	要求 2	……				

§9.5 知识拓展

滚动导轨副

在承导件和运动件之间放入一些滚动体(滚珠、滚柱或滚针),使相配的两个导轨面不直接接触的导轨,称为滚动导轨。

滚动导轨的特点是摩擦阻力小,运动轻便灵活;磨损小,能长期保持精度;动、静摩擦系数差别小,低速时不易出现“爬行”现象,故运动均匀平稳。因此,滚动导轨在要求微量移动和精确定位的设备上,获得日益广泛的运用。

滚动导轨的缺点是:导轨面和滚动体是点接触或线接触,抗振性差,接触应力大,故对导轨的表面硬度要求高;对导轨的形状精度和滚动体的尺寸精度要求高。制造困难,成本高。

1. 滚动导轨副的类型和结构形式

(1) 滚珠导轨:图 9-10 所示为 V-平截面的滚珠导轨、双 V 形截面的滚珠导轨和圆形截面滚珠导轨。由于滚珠和导轨面是点接触,故运动轻便,但刚度低,承载能力小。常用于运动件重量、载荷不大的场合。

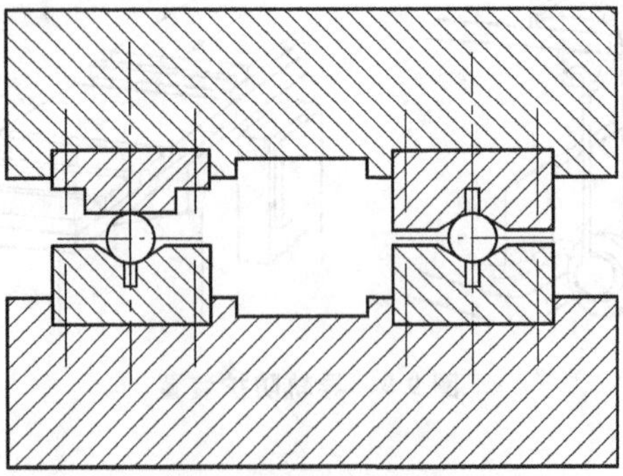

图 9-10 滚 珠 导 轨

(2) 滚柱(滚针)导轨:滚柱导轨中的滚柱与导轨面是线接触,故它的承载能力和刚度比滚珠导轨大,耐磨性较好,但灵活性稍差。如图 9-11 所示,滚柱对导轨的不平度较敏感,容易产生侧向偏移和滑动,而使导轨的阻力增加,磨损加快,精度降低。滚柱的直径越大,对导轨的不平度越为敏感。当结构尺寸受限制时，可采用直径较小的滚柱，这种导轨称为滚针导轨。

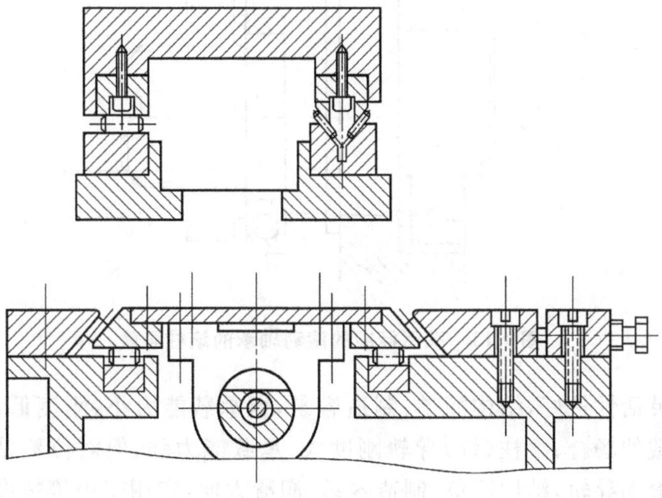

图 9-11　滚柱(滚针)导轨

滚柱导轨支承为标准部件，具有安装、润滑简单，调整防护容易等优点，其结构如图 9-12 所示。由于滚柱在封闭的滚道内滚动，故可用于行程很大的导轨上。

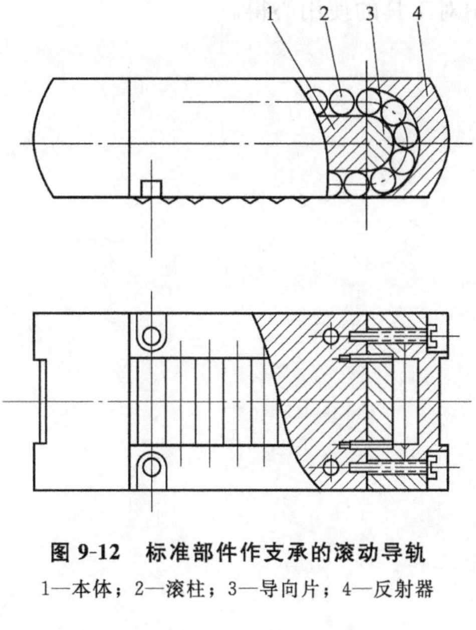

图 9-12　标准部件作支承的滚动导轨

1—本体；2—滚柱；3—导向片；4—反射器

滚柱导轨可采用标准的滚动轴承，装在偏心轴上，如图 9-13 所示，以便于调整。其偏心量一般取 0.2～0.5 mm。

2. 滚动导轨结构形式的选择

滚动导轨按其结构特点，分为开式和闭式两种。开式滚动导轨用于外加载荷作用在两条导轨中间，依靠运动件本身重量即可保持导轨良好接触的场合，闭式滚动导轨则相反。

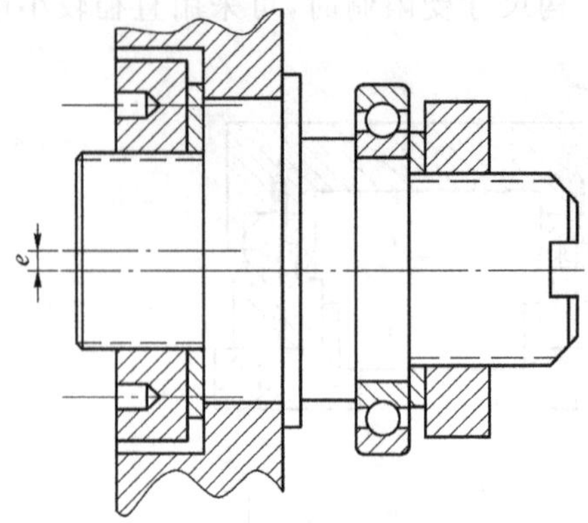

图 9-13　采用标准的滚动轴承的滚柱导轨

滚珠导轨的灵活性最好，结构简单，制造容易，但承载能力小，刚度低，常用于精度要求高、运动灵活、轻载的场合；滚柱（针）导轨刚度大，承载能力强，但对位置精度要求高。采用标准滚动轴承的滚动导轨，结构简单，制造容易，润滑方便，宜用于中等精度的场合。

§9.6　想一想、议一议

1. 讨论交流在拆装铣床支承部件中的心得体会。
2. 讨论在拆装过程中对工具的使用心得。

项目十　轴 承 拆 装

§10.1　能力目标

一、知识要求

(1) 了解轴承的类型、工作原理和使用场合。
(2) 了解滚动轴承的结构与型号。
(3) 了解常用的润滑方式和介质。
(4) 知道轴上零件的组成。

二、技能要求

(1) 能用机械拆卸(球轴承、滚动轴承)、温差法拆卸、液压拆卸正确拆卸滚动轴承。
(2) 能正确清洗滚动轴承并进行防锈处理。
(3) 能正确用机械安装(球轴承、滚动轴承)、温差法安装、液压安装滚动轴承。
(4) 能正确润滑滚动轴承。

§10.2　材料、工具及设备

车床、拆装工具、软铅丝、圆角样板、直角尺、千分尺或千分表、清洗和润滑工具等。

§10.3　学习内容

活动1　打开车床的变速箱盖——认识传动装置

根据项目八的拆装要求,将一台普通车床主轴箱的箱盖拆去,由于箱盖较重,在移开时应注意安全,防止砸伤。

打开车床的主轴箱盖,可以观察到传动装置的类型有多种(见图 10-1),但任何一种传动装置都有支承系统对其进行支撑。取其中的齿轮传动装置来分析,如图 10-2 所示,它由以下几部分组成:

(1) 传动部分:主要作用是传递速度、功率和转矩,如图 10-2 所示,由传动轴和齿轮、键构成,齿轮通过键与轴联结成一个整体。

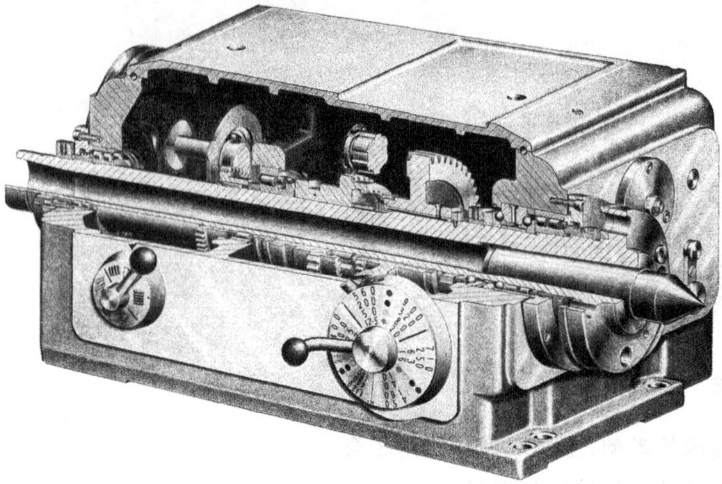

图 10-1　车床的传动装置

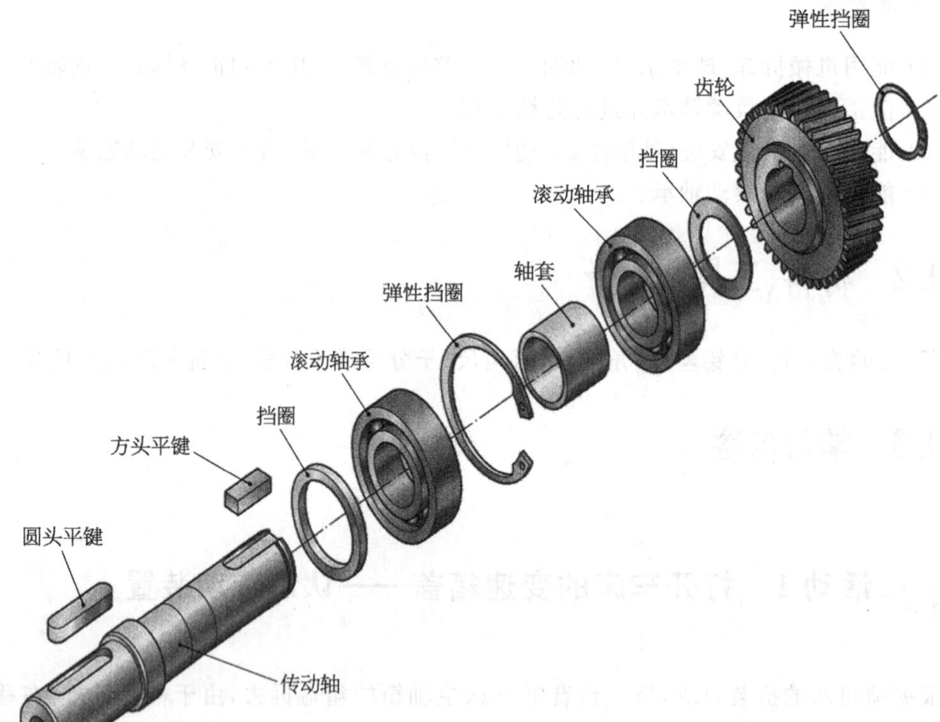

图 10-2　齿轮传动装置的组成

(2) 支承部分:传动装置的主要支承部件是速度和功率平稳精确传递的重要保证,如图 10-2 所示的滚动轴承支承。

(3) 轴向定位部分:主要是为了防止轴上的零件沿轴向窜动,以保证机器设备的运行平稳,如图 10-2 所示的挡圈和轴套等零件。

可见,轴承支承系统是轴系结构中保证其传动实现和传动质量的关键,该齿轮传动装置中的轴承支承系统结构如图 10-3 所示,它主要由一对轴承和轴承座组成。

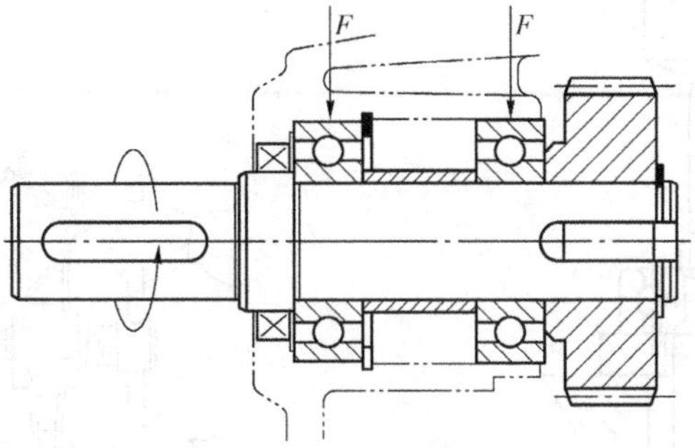

图 10-3 轴承支承系统

旋转零件必须依靠轴的支持才能传递运动和动力,而轴又必须依靠轴承的支持才能保证其旋转精度,并减少轴与支座间的摩擦。这种起支持作用的零部件叫做支承零部件。轴承便是主要的支承零部件之一。

活动 2 拆卸车床主轴箱的轴承支承系统

根据项目八的装拆要求和方法,拆卸车床中主轴箱中一从动轴(非主轴)轴承支承系统,选用合适工具拆卸滚动轴承。拆卸车床中主轴箱中一从动轴(非主轴)轴承时,用三爪拉母来拆卸。拆卸时应注意三爪拉母的三爪安放位置应正确,顶柱应与轴一线,用力应均匀。拆卸后用汽油或煤油清洗各零件,擦干后涂上机油。拆卸时应注意安全,防止意外事故的发生。

轴承的拆卸方法:滚动轴承的拆卸采用各种不同的机械器具来进行拆卸,如图 10-4 所

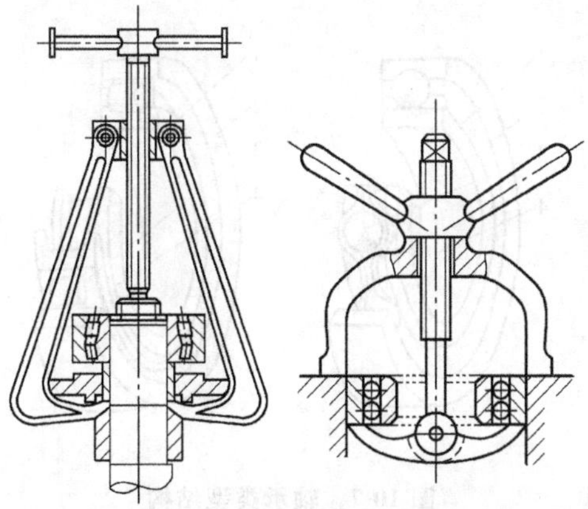

图 10-4 滚动轴承的拆卸器具

示。滚动轴承与轴配合较紧时可采用压力机来拆卸，如图 10-5 所示。图 10-6 所示为温差法拆卸轴承。拆卸时，先将轴承两旁的轴颈用石棉布包好，装好拆卸器，将热机油浇在轴承的内座圈上，待内座圈加热膨胀后，便可借助拆卸器把轴承从轴上拆卸下来。

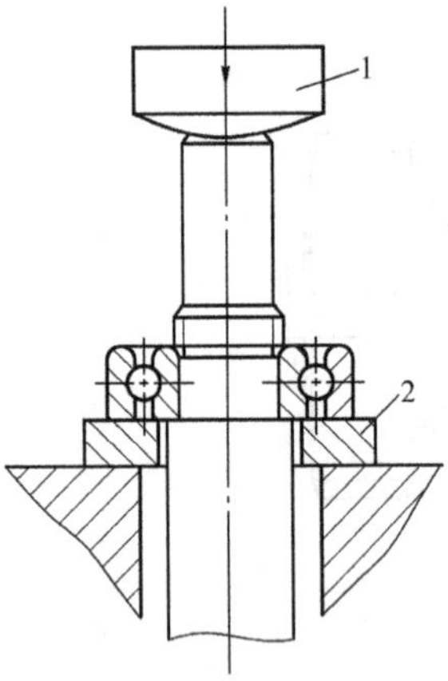

图 10-5　采用压力机拆卸滚动轴承

1—压头；2—垫圈

图 10-6　采用温差拆卸法拆卸滚动轴承

活动 3　认识滚动轴承的结构和型号

一、滚动轴承的结构

典型的滚动轴承如图 10-7 所示，一般由内圈、外圈、滚动体和保持架组成。当内、外圈相对旋转时，滚动体沿内、外圈滚道滚动。保持架的作用是把滚动体彼此均匀地隔开。滚动体是滚动轴承中的关键零件，常用滚动体形状如图 10-8 所示。

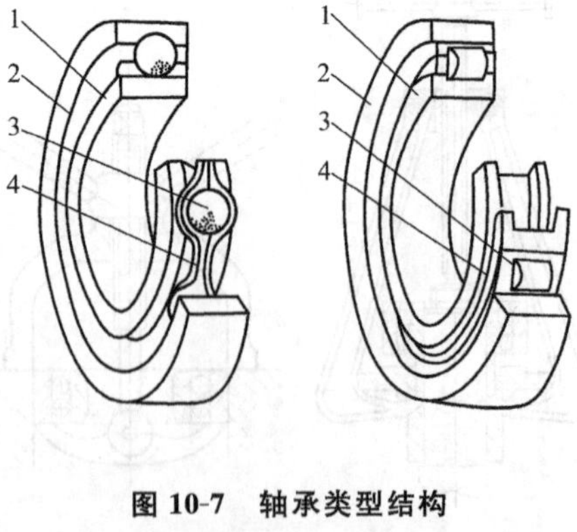

图 10-7　轴承类型结构

1—内圈；2—外圈；3—滚动体；4—保持架

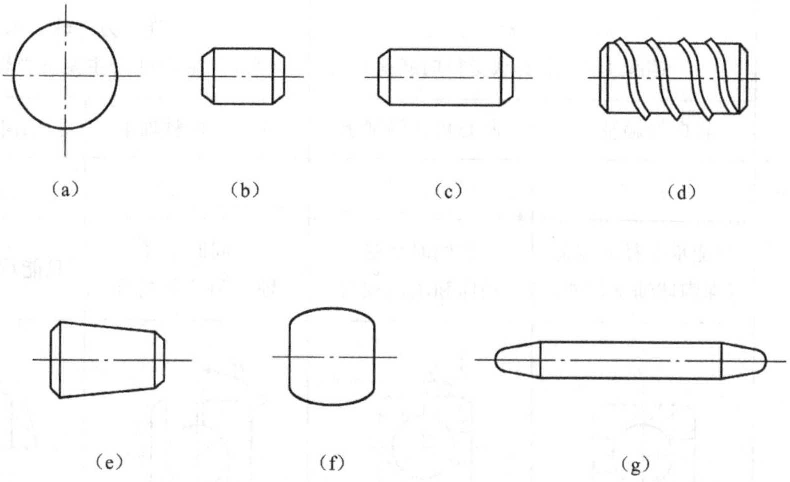

图 10-8 常用轴承滚动体

知识点 轴承材料

滚动体与内、外滚道要求具有较高的硬度和接触疲劳强度，同时要求具有良好的耐磨性和抗冲击韧性，一般用含铬的合金钢（滚动轴承钢）制造，如 GCr15、GCr15SiMn 等，经淬火处理，硬度不低于 60HRC，工作表面需经磨削和抛光。保持架一般用低碳钢板冲压而成，也可用有色金属或塑料制造。

二、滚动轴承的类型

滚动轴承的分类通常按其承受载荷的方向和滚动体的形状进行分类。

1. 按承受载荷的方向(或公称接触角)分类

按承受载荷的方向滚动轴承可分为向心轴承和推力轴承两大类。向心轴承主要承受径向载荷，其公称接触角 $0° \leqslant \alpha \leqslant 45°$。推力轴承主要承受轴向载荷，其公称接触角 $45° < \alpha < 90°$。

各类球轴承的公称接触角 α 及其承载方向见表 10-1。表中的公称接触角 α 是滚动体与套圈滚道接触点处的法线 $n—n$ 与轴承径向平面之间的夹角。α 越大，轴承承受轴向载荷的能力就越大。

2. 按滚动体的种类分类

(1) 球轴承——滚动体为球。

(2) 滚子轴承——滚动体为滚子。滚子轴承按滚子种类，又分为：圆柱滚子轴承——滚动体是圆柱滚子的轴承；滚针轴承——滚动体是滚针的轴承；圆锥滚子轴承——滚动体是圆锥滚子的轴承；调心滚子轴承——滚动体是球面滚子的轴承。

表 10-1　滚动轴承公称接触角及承载方向

轴承类型	向 心 轴 承（0°≤α≤45°　主要承受径向载荷）		推 力 轴 承（45°<α≤90°　主要承受轴向载荷）	
	径向接触轴承	向心角接触轴承	推力角接触轴承	轴向接触轴承
公称接触角 α	α=0°	0°<α≤45°	45°<α<90°	α=90°
承载方向	只能承受径向载荷（深沟球轴承例外）	能同时承受径向和轴向载荷	能同时承受轴向和径向载荷	只能承受轴向载荷
图　例	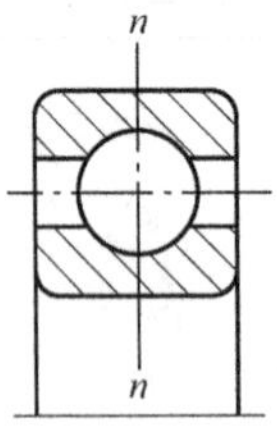	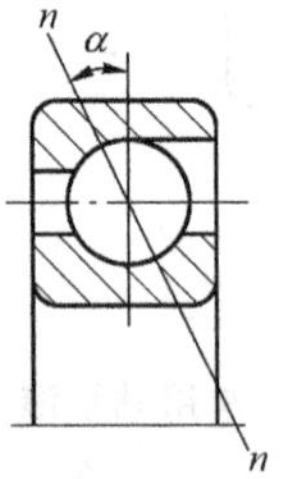	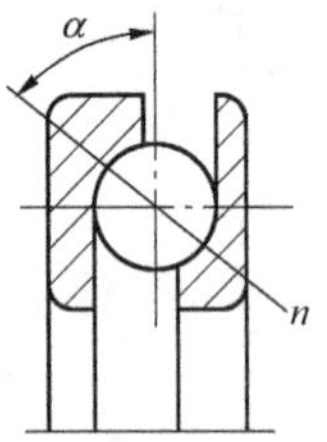	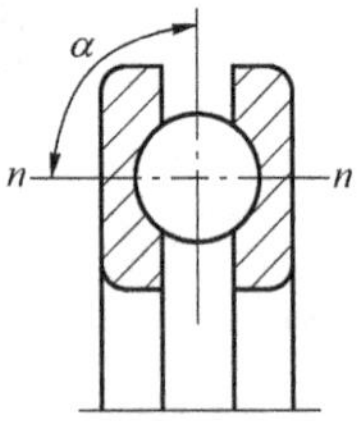

知识点 滚动轴承的其他分类方法

1. 按轴承能否调心分类

(1) 调心轴承——滚道是球面形的，能适应两滚道轴心线间的角偏差及角运动的轴承。

(2) 非调心轴承(刚性轴承)——能阻抗滚道间轴心线角偏移的轴承。

2. 按滚动体的列数分类

(1) 单列轴承——具有一列滚动体的轴承。

(2) 双列轴承——具有两列滚动体的轴承。

(3) 多列轴承——具有多于两列的滚动体并承受同一方向载荷的轴承。如三列、四列轴承。

3. 按其部件能否分离分类

(1) 可分离轴承——具有可分离部件的轴承。

(2) 不可分离轴承——轴承在最终配套后，套圈均不能任意自由分离的轴承。

4. 按其外径尺寸大小分类

(1) 微型轴承——公称外径尺寸范围为 26 mm 以下的轴承。

(2) 小型轴承——公称外径尺寸范围为 28～55 mm 的轴承。

(3) 中小型轴承——公称外径尺寸范围为 60～115 mm 的轴承。

(4) 中大型轴承——公称外径尺寸范围为 120～190 mm 的轴承。

(5) 大型轴承——公称外径尺寸范围为 200～430 mm 的轴承。

(6) 特大型轴承——公称外径尺寸范围为 440 mm 以上的轴承。

活动4　轴承支承系统装配前的准备

轴承支承系统装配前的准备事项有：安装前的各项检查、滚动轴承的清洁和润滑、其他准备工作及安装方法和工具选择。

一、检查轴颈

(1) 检查轴颈的偏心，弯曲与直径变动量（椭圆度）。将轴置于用V形铁支承的平板上，或顶在车床两顶尖上，用千分表指针接触与轴承配合的轴颈，然后缓慢转动轴，观察千分表指针在轴颈上的摆动情况。如果轴转动一周，指针只朝一个方向摆动，然后又回到最初位置，这说明轴有偏心或弯曲，其偏心、弯曲量的大小为千分表指针摆动值的一半；若轴转动一周，千分表指针摆动两次后，又回到最初位置，说明轴颈椭圆，千分表指针指数的最大值与最小值之差即为椭圆度值。

注意

当轴的偏心与弯曲度大于规定值时，应对轴校直或车磨加工。椭圆度值一般应不超过轴颈尺寸公差的1/2，过大则应予以焊、车、磨，进行修复。

(2) 检查轴颈的表面状况。如果轴颈有毛刺、碰痕时，应先用细锉锉掉，再用细砂布打磨抛光。

(3) 检查轴颈的轴肩垂直度和轴肩根部的圆角半径。轴肩的垂直度用直角尺靠紧轴肩处使其密合，然后借光线（灯光或阳光）检查，如漏光均匀或不漏光，说明轴肩垂直。轴肩根部的圆角半径可用圆角样板进行检查。圆角半径太大，则轴承与轴肩靠不紧，轴承工作时易引起振动；圆角半径太小，则影响轴的强度。因此，轴肩根部的圆角半径必须小于轴承内圈的圆角半径，一般应为轴承内圈圆角半径的1/2，才能保证轴承紧靠轴肩。

(4) 检查轴颈尺寸。可用千分尺或千分表检查，当轴颈磨损严重，尺寸小于规定配合要求，与轴承内径配合松动时，应对轴颈予以修复。

二、检查轴承座（壳）孔

(1) 检查壳体孔的椭圆和圆柱度（锥度）。对整体式壳体孔，可用内径千分尺或游标卡尺检验。对开式壳体孔，须将其上下两部分合在一起，用螺栓拧紧，待接合面紧贴后进行检验。

(2) 检查壳体孔与轴挡肩的垂直度。轴挡肩与旋转中心线不垂直时，载荷易集中在轴承局部的滚动体上，使其受力不均，产生蠕动，并使滚道受压过大，导致变形，影响寿命。可用光隙法以直角尺贴紧轴肩检验，亦可用千分表指针测量轴肩端面跳动量来检查。

三、检查轴承

(1) 检查轴承型号、尺寸是否符合安装要求，并根据轴承的结构特点和与之配合的各个零部件，选择好适当的装配方法。

(2) 检查轴承装配表面。轴承装配表面及与之配合的零件表面，如有碰伤、锈蚀层、磨屑、砂粒、灰尘和泥土存在，一则轴承安装困难，容易造成装配位置不正确；二则这些附着物形成磨料，易擦损轴承工作表面，影响装配质量。因此，安装前应对轴颈、轴承座壳体孔的表面、台肩端面及联结零件如衬套、垫圈等的配合表面，进行仔细检验。如有锈蚀层，可用细锉锉掉，再用细砂布打光，同时也要清除轴承装配表面及其联结零件上的附着物。

四、滚动轴承的清洁和润滑

1. 清洗

新买的轴承绝大多数都涂有油脂，但这些油脂主要用于防止轴承生锈，并不起润滑作用，因此，必须经过彻底清洗才能安装使用。对两面带防尘盖或密封圈的轴承，以及涂有防锈、润滑两用油脂的轴承，因为在制造时就注入了润滑脂，所以在安装前不再需要清洗。

2. 润滑

轴承清洗后应立即添加润滑剂，涂油脂时应使轴承缓慢转动，使油脂进入滚动体和滚道之间。轴承用润滑油(脂)必须清洁，不得混有污物。

对清洗好的轴承，填加润滑剂后，应放在装配台上，下面垫以净布或纸垫，上面盖上塑料布，以待装配，不允许放在地面或箱子上。挪动轴承时，不可以直接用手拿，应戴帆布手套或用净布将轴承包起后再拿，否则，由于手上有汗气、潮气，接触后易使轴承产生指纹锈。

五、其他准备工作

应注意保持安装场地的干燥清洁，严防铁屑、砂粒、灰尘、水分进入轴承；准备好安装时用的工具和量具。常用的安装工具有手锤、铜棒、套筒、专用垫板、压力机等，量具有游标卡尺、千分表等。

注意

在装配车床中的轴承支承系统前，必须做好严格的准备工作。否则会直接影响到轴承安装的质量和精度、轴承的使用寿命和性能。

活动 5　轴承支承装配

一、轴承的安装

轴承的安装应该根据轴承的结构、尺寸大小和轴承部件的配合性质而定，安装力应直接加在配合的套圈端面上，不得通过滚动体传递压力。由于此轴承支承配合过盈量较小时，可用手锤或套筒手工敲击的方法将轴承的内、外圈压入。注意安装时，在连接表面处应加润滑油，并在工件的锤击部位垫上软金属板。安装时应特别注意轴承的导向，因为这种手工方法安装轴承易发生歪斜。除了手工方法安装外还有两种安装轴承的方法，即温差法安装、液压安装。

知识点　滚动轴承的其他安装方法

1. 温差法安装

当配合过盈量较大时，可通过温差法安装，即通过加热或冷却的方法使零件膨胀或缩小来进行装配。通常采用热装法，对小型零件，可以把零件放在润滑油中加热。而对尺寸较大或过盈较大的零件，通常采用火焰喷嘴、加热炉或感应加热器等加热。现在已有专用的轴承拆装加热装置，如图 10-9 所示。

2. 液压法安装

当配合过盈量较大时，也可用压力机械压入，比用手锤打入和打出有很多优点，它加的力比较均匀，方向可以控制，但是需要有专用压力机械，如图 10-10 所示。

图 10-9　轴承加热装置

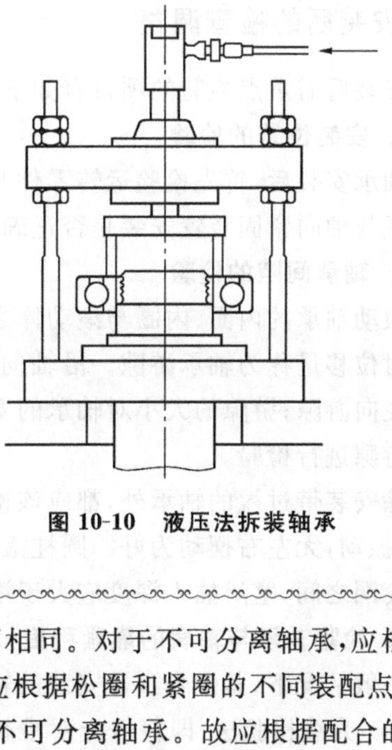

图 10-10　液压法拆装轴承

由于轴承类型不同，轴承内、外圈的安装顺序也不相同。对于不可分离轴承，应根据配合的松紧程度来决定其安装顺序。对于可分离轴承，应根据松圈和紧圈的不同装配点，来决定其安装顺序。由于所安装的轴承是向心球轴承，是不可分离轴承。故应根据配合的松紧程度来决定其安装顺序。查看装配图，了解轴承内圈与轴配合、外圈与轴承座配合。结果为轴承内圈与轴配合较紧、外圈与轴承座配合较松。所以先用压力机将轴承先压装在轴上，再将轴连同轴承一起装入轴承座中。压装时应采用装配套管，如图 10-11 所示。注意装配套管的内径应比轴颈的直径大，外径应小于轴承内圈的挡边直径，以免压在保持架上。装配套管受锤击的端面应加工成球形（在无压力机或不能使用压力机的地方，可用装配套管和小锤安装轴承。但锤击力要平稳均匀）。

若轴承内圈与轴配合较松、外圈与轴承座配合较紧时，先装外圈，将轴承先压入轴承座中，装配套管的外径应略小于壳孔的直径，如图 10-12 所示，然后再装轴。

若轴承内圈与轴、外圈与轴承座配合均较紧时，内、外圈同时安装，装配套管端面应加工成能同时压紧轴承内、外圈端面的圆环，如图 10-13 所示，把轴承压入轴上和轴承座孔中。

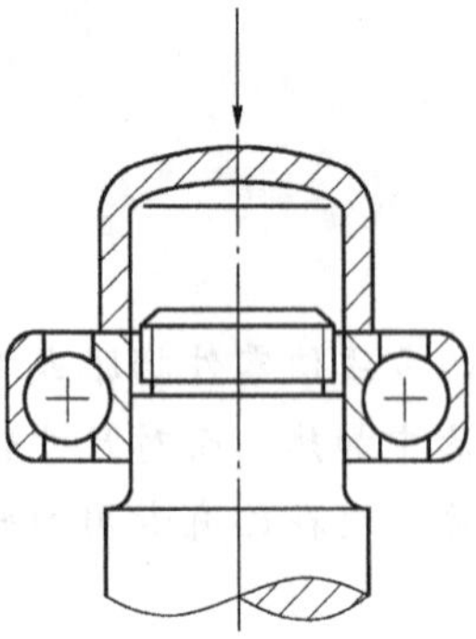

图 10-11 用装配套管先安装内圈(内圈与轴紧配合)

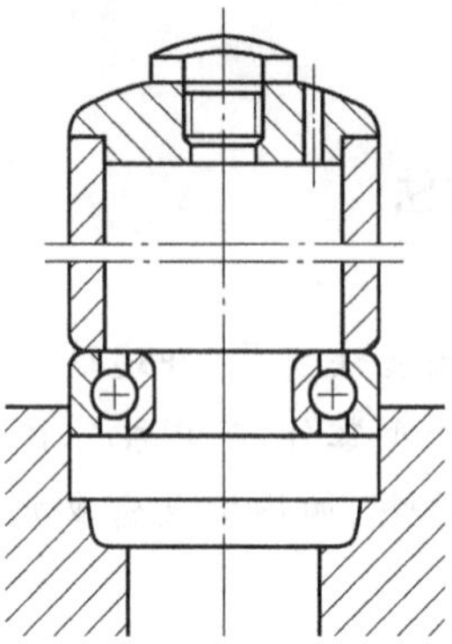

图 10-12 用装配套管先安装外圈(外圈与机壳紧配合)

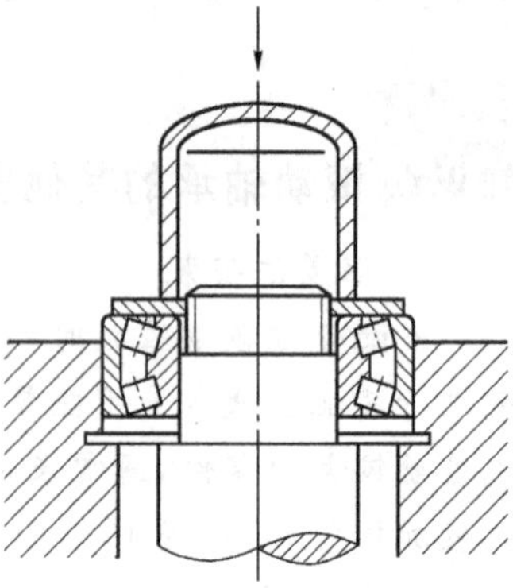

图 10-13 内外圈同时安装(内外皆紧配合)

二、安装后的检查调整

安装后需重点检验的项目有如下几项：

1. 安装位置的检验

轴承安装后,首先检验运转零件与固定零件是否相碰,润滑油能否畅通地流入轴承,密封装置与轴向紧固装置安装是否正确。

2. 轴承间隙的检验

滚动轴承的内圈、内圈与滚动体之间有相对运动,必然在结构上留有间隙,内、外圈之间的相对位移量称为轴承游隙。沿轴向的相对位移量,称为轴向游隙;沿径向的相对位移量,称为径向游隙;游隙的大小对轴承的寿命、温升和噪声都有很大的影响。因而在安装时应对轴承游隙进行检验。

除安装带过盈的轴承外,都应该检验径向游隙。深沟球轴承可用手转动检验,以平稳灵活、无振动,无左右摆动为好。圆柱滚子和调心滚子轴承可用塞尺检验,将塞尺插进滚子和轴承套圈之间,塞尺插入深度应大于滚子长度的 1/2。

3. 检验轴承与轴肩的靠紧程度

一般情况下,紧配合过盈安装的轴承必须靠紧轴肩。检验方法有以下两种：

(1) 光线检验法:即将灯光对准轴承和轴肩处,看漏光情况判断。如果不漏光,说明安装正确。如果沿轴肩周围均匀漏光,说明轴承未与轴肩靠紧,应对轴承施加压力使之靠紧。如果有部分漏光,说明轴承安装倾斜,可用手锤、铜棒或套筒敲击轴承内圈,慢慢安正。

(2) 厚薄规检验法:厚薄规的厚度应由 0.03mm 开始。检验时,在轴承内圈端面和轴肩的整个圆周上试插几处,如发现有间隙很均匀,说明轴承未装到位,应对轴承内圈加压使其靠紧轴肩。如果加大压力也靠不紧,说明轴颈圆角部位的圆角太大,把轴承卡住了,应修整轴颈圆角,使其变小。如果发现轴承内圈端面与轴肩个别部位厚薄规能通过,说明不圆,此时必须拆卸下来,予以修整,重新安装。如果轴承以过盈配合安装在轴承座孔内,轴承外圈被壳体孔挡肩固定时,其外圈端面与壳体孔挡肩端面是否靠紧,安装是否正确,也可用厚薄规检验。

知识点 认识推力轴承

1. 推力轴承的安装

推力轴承有松圈和紧圈之分，松圈的内孔比轴大，与轴能相对转动，应紧靠静止的机件，紧圈的内孔与轴采用紧配合，并安装在轴上，如图10-14所示。

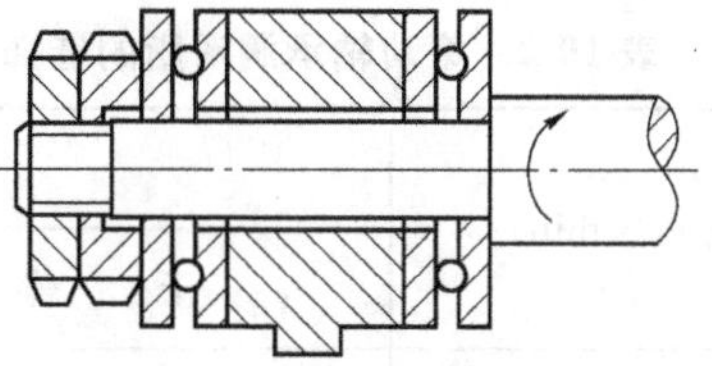

图10-14　推力轴承松圈和紧圈的安装位置

推力轴承常常成对安装。在安装中，还应注意检验其轴向游隙，以及与轴一起转动的轴圈和轴中心线的垂直度。

推力轴承安装时其他检查、准备项目和安装方法与向心滚动轴承相似，在安装过程中可以参考。

2. 推力轴承安装后的检验

安装推力轴承后，应检验轴圈和轴中心线的垂直度。方法是将千分表固定于箱壳端面，使表的触头顶在轴承轴圈滚道上，边转动轴承，边观察千分表指针，若指针偏摆，说明轴圈和轴中心线不垂直。箱壳孔较深时，亦可用加长的千分表头检验。

3. 推力轴承安装时的注意事项

推力轴承安装正确时，其座圈能自动适应滚动体的滚动，确保滚动体位于上下圈滚道。如果装反了，不仅轴承工作不正常，且各配合面会遭到严重磨损。由于轴圈与座圈的区别不很明显，装配中应格外小心，切勿搞错。此外，推力轴承的座圈与轴承座孔之间还应留有0.2～0.5 mm的间隙，用以补偿零件加工、安装不精确造成的误差，当运转中轴承套圈中心偏移时，此间隙可确保其自动调整，避免碰触摩擦，使其正常运转。否则，将引起轴承剧烈损伤。

注意

在轴承安装过程中，如果安装不当，轴承运转时不仅有振动，噪声大，精度低，温度升高，而且还有被卡死烧坏的危险；反之，安装得好，不仅能保证精度，寿命也会大大延长。因此，轴承安装后，必须进行严格的检验。

活动6　润滑轴承

对装配好的车床主轴轴承需进行润滑。轴承润滑的目的是为了减少摩擦和磨损，提高机器的效率和延长使用寿命，同时起冷却、吸振、防锈和减少噪声的作用。轴承的润滑对轴承能否正常工作起着关键作用，必须正确选用润滑剂和润滑方式。

滚动轴承润滑剂和润滑方式的选择都与速度因子 dn 值有关。d(mm)是轴颈直径，n(r/min)是转速，dn(mm・r/min)值实际反映了轴颈的线速度。dn 值在 $(2\sim3)\times10^5$ 范围内时应采用润滑脂润滑，可按表 10-2 选择合适的润滑脂。当 dn 值过高或有润滑油源(如齿轮减速器)时采用润滑油润滑。润滑油内摩擦小，散热效果好，但供油系统和密封装置较复杂。滚动轴承的润滑方式按表 10-3 选择。

表 10-2　滚动轴承润滑脂的选择

工作温度(℃)	dn[mm/(r・min)]	使用环境	
		干　燥	潮　湿
0～40	＞80 000	2 号钙基脂或钠基脂	2 号钙基脂
	＜80 000	3 号钙基脂或钠基脂	3 号钙基脂
40～80	＞80 000	2 号钠基脂	3 号钡基脂或锂基脂
	＜80 000	3 号钠基脂	

表 10-3　滚动轴承润滑方式的选择

轴承类型	dn/[10^4 mm/(r・min)]				
	脂润滑	油润滑			
		油浴	滴油	循环油	喷雾
深沟球轴承	16	25	40	60	
调心球轴承	16	25	40	50	
角接触球轴承	16	25	40	60	
圆柱滚子轴承	12	25	40	60	＞60
圆锥滚子轴承	10	16	23	30	
调心滚子轴承	8	12	20	25	
推力球轴承	4	6	12	15	

活动设计

(1) 带领学生拆装车床主轴箱的轴承支承系统，使学生掌握拆装轴承支承系统方法。

(2) 讨论车床中的轴承类型。

(3) 讨论拆装车床主轴箱的轴承支承系统过程中的注意要点。

(4) 讨论轴上零件的组成。

§10.4 考核建议

职业技能考核				职业素养考核			
是否完成	完成情况			安全	卫生	合作	……
	要求1	要求2	……				

§10.5 知识拓展

一、轴承的分类

轴承是用来支承轴的部件，有时也用来支承轴上的回转零件。轴承按工件间摩擦性质分，可分为滑动轴承和滚动轴承两大类，如图10-15所示。按承受载荷方向分有：向心轴承、推力轴承、向心推力轴承等。

(a)滑动轴承

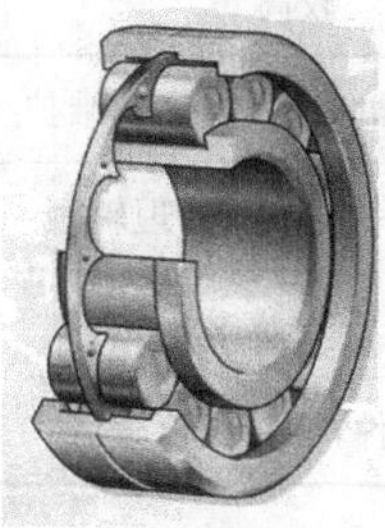
(b)滚动轴承

图10-15 轴承种类

滑动轴承是一种靠滑动摩擦转动轴承，根据其润滑状态的不同，可分为液体摩擦滑动轴承和非液体摩擦滑动轴承。其主要的特点是运行时平稳、噪声小、耐冲击能力和承载能力大等优点。因此，在高速、重载、高精度及结构要求对开等场合下，如汽轮机、内燃机、大型电机、机床、铁路机车等机械中得到了广泛应用。

滚动轴承是一种靠滚动摩擦转动轴承，由内圈、外圈、滚动体、保持架四个部分组成。滚动体在内圈和外圈的凹槽滚道中滚动，形成滚动摩擦。故其具有摩擦力小、效率高、结构紧凑、润滑简单、互换性好和启动阻力小等优点，是机器中不可缺少的主要支承部件。且其生产已标准化、系列化，有专门厂家生产，供应充足，价格便宜，因而只需根据使用要求，选择合适的轴承类型和型号即可，其应用十分广泛。但由于其运行时发热量大，故不能在高速重载的场合使用。

表 10-4 列出了滚动轴承与滑动轴承性能比较，使用时应根据具体工作情况，合理选择轴承。

表 10-4 滚动轴承与滑动轴承性能比较

比较项目	滚动轴承	滑动轴承	
		非液体摩擦轴承	液体摩擦轴承
启动阻力	小	较大	较大
受冲击载荷能力	较差	较好	好
工作转速	低、中速	低速	中、高速
功率损失	不大	较大	较小
寿命	有限，受限于材料的点蚀	有限，受限于材料的磨损	长
噪声	较大	不大	工作稳定时基本无噪声
轴承的刚性	高，预紧时更高	一般	一般
旋转精度	较高	较低	一般到高
轴承外廓尺寸	径向大、轴向小	径向小、轴向大	径向小、轴向大
润滑	润滑简便，消耗量少	润滑简便，消耗量少	润滑装置复杂，消耗量多
密封要求	较高	较低	较高
维护	润滑脂润滑时，只需定期维护	要求不高	油需洁净
更换易损零件	很方便，一般不用修理轴颈	轴承轴瓦要经常更换，有时还要修理轴颈	
价格	中等	大量生产时价格不高	较高
其他	是标准件，节省有色金属	一般要自行加工，需消耗有色金属	

二、滚动轴承的类型选择

机械有各种不同的工况，为满足这些具体的使用要求，需要有不同类型的轴承来保证实际需要。表 10-5 为球轴承和滚子轴承的一般特性比较。

表 10-5 球轴承和滚子轴承的一般特性比较

项　　目	球轴承	滚子轴承
负荷	较小负荷	大负荷
转速	高速	较低速
摩擦	小	较大
耐冲击性	较小	较大

滚动轴承类型多种多样，选用时可考虑以下几方面因素：

（1）载荷的大小、方向和性质：球轴承适于承受轻载荷，滚子轴承适于承受重载荷及冲击载荷。当滚动轴承受纯轴向载荷时，一般选用推力轴承。当滚动轴承受纯径向载荷时，一般选用深沟球轴承或短圆柱滚子轴承。当滚动轴承受纯径向载荷的同时，还有不大的轴向载荷时，可选用深沟球轴承、角接触球轴承、圆锥滚子轴承及调心球或调心滚子轴承。当轴向载荷较大时，可选用接触角较大的角接触球轴承及圆锥滚子轴承，或者选用向心轴承和推力轴承组合在一起，这在极高轴向载荷或特别要求有较大轴向刚性时尤为适宜。

（2）允许转速：因轴承的类型不同而有很大的差异。一般情况下，摩擦小、发热量少的轴承，适于高转速。设计时应力求滚动轴承在低于其极限转速的条件下工作。

（3）刚性：轴承承受负荷时，轴承套圈和滚动体接触处就会产生弹性变形，变形量与载荷成比例，其比值决定轴承刚性的大小。一般可通过轴承的预紧来提高轴承的刚性。此外，在轴承支承设计中，考虑轴承的组合和排列方式也可改善轴承的支承刚度。

（4）调心性能和安装误差：轴承装入工作位置后，往往由于制造误差造成安装和定位不良。此时常因轴产生挠度和热膨胀等原因，使轴承承受过大的载荷，引起早期的损坏。自动调心轴承可自行克服由安装误差引起的缺陷，因而是适合此类用途的轴承。

（5）安装和拆卸：圆锥滚子轴承、滚针轴承和圆锥滚子轴承等，属于内外圈可分离的轴承类型（即所谓分离型轴承），安装拆卸方便。

（6）市场性：即使是列入产品目录的轴承，市场上不一定有销售。反之，未列入产品目录的轴承有的却大量生产。因此，应清楚使用的轴承是否易购得。从经济角度看，球轴承比滚子轴承便宜，精度低的轴承比精度高的轴承便宜，普通结构轴承比特殊结构的轴承便宜。

滚动轴承的代号一般印刻在轴承外圈的端面上，用以表示轴承的结构、尺寸、公差等级和技术性能等特征的一种符号，由数字和字母组成。按照 GB/T272—93 规定，滚动轴承代号包括基本代号、前置代号和后置代号三部分组成，见表 10-6。

表 10-6 滚动轴承代号的组成

<table>
<tr><td rowspan="2">前置代号</td><td colspan="5">基本代号</td><td colspan="8" rowspan="2">后 置 代 号</td></tr>
<tr><td>五</td><td>四</td><td>三</td><td>二</td><td>一</td></tr>
<tr><td rowspan="2">轴承分部件代号</td><td rowspan="2">类型代号</td><td colspan="2">尺寸系列代号</td><td rowspan="2" colspan="2">内径代号</td><td rowspan="2">内部结构代号</td><td rowspan="2">密封与防尘结构代号</td><td rowspan="2">保持架及其材料代号</td><td rowspan="2">特殊轴承材料代号</td><td rowspan="2">游隙代号</td><td rowspan="2">多轴承配置代号</td><td rowspan="2">其他代号</td></tr>
<tr><td>宽度系列代号</td><td>直径系列代号</td></tr>
</table>

【例 1】： 7 3 12 AC / P5

- P5 —— 5 级公差
- AC —— 公称接触角
- 12 —— 轴承内径 $d = 12 \times 5 = 60$ mm
- 3 —— 尺寸系列代号，相当于 03，0 表示宽度系列为窄系列，3 表示直径系列为中系列
- 7 —— 角接触球轴承

【例 2】： 6 23 03

- 03 —— 轴承内径 $d = 17$ mm
- 23 —— 尺寸系列，2 表示宽度系列为宽系列，3 表示直径系列为中系列
- 6 —— 深沟球轴承

【例 3】： N 23 18 / P6

- P6 —— 公差等级为 6 级
- 18 —— 轴承内径 $d = 18 \times 5 = 90$ mm
- 23 —— 尺寸系列，2 表示宽度系列为宽系列，3 表示直径系列为中系列
- N —— 外圈无挡边的圆柱滚子轴承

滚动轴承的基本代号是轴承代号的基础。前置代号和后置代号都是轴承代号的补充，只有在遇到对轴承结构、形状、材料、公差等级、技术要求等有特殊要求时才使用，一般情况可部分或全部省略。

(1) 基本代号：基本代号是轴承代号的核心，表示轴承的基本类型、结构和尺寸。它由轴承类型代号、尺寸系列代号、内径代号构成。一般由数字或字母与数字组合来表示，最多五位。

类型代号　尺寸系列代号　内径代号

① 内径代号：右起的一二位数字，表示轴承内径，对 d=10～480 mm 的常用轴承，其内径代号的表示方法见表 10-7。

表 10-7　滚动轴承内径代号

内径代号	00	01	02	03	04～96
轴承内径/mm	10	12	15	17	代号×5

注：对 d 不在 10～480 mm 以内及 d=22 mm、28 mm、32 mm 的内径代号可查机械设计手册。

② 尺寸系列代号：由两位数字组成，前一位数字代表宽度系列（向心轴承）或高度系列（推力轴承），后一位数字代表直径系列。

对同一内径的轴承，滚动体直径增大，使得轴承的外径和宽度增加，则轴承的承载增大。尺寸系列表示内径相同的轴承可具有不同的外径，而同样的外径又有不同的宽度（或高度），由此用以满足各种不同要求的承载能力。

直径系列用一位数字表示。如 0、1 表示特轻系列，2 表示轻系列，3 表示中系列，4 表示重系列等。类型、内径相同，直径系列不同轴承比较如图 10-16 所示。

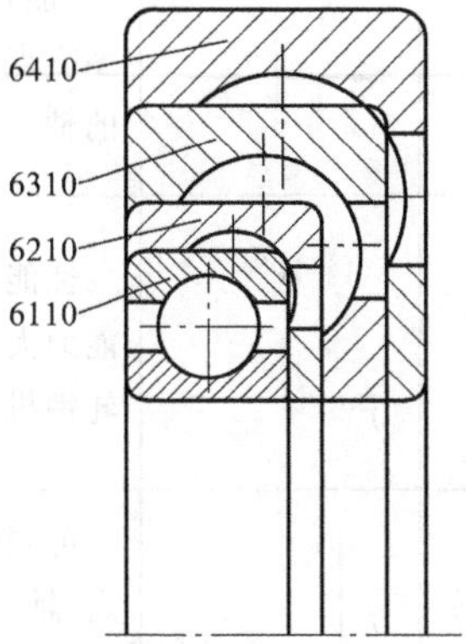

图 10-16　直 径 系 列

宽度系列代号表示内、外径相同，但宽（高）度不同的系列，用一位数字表示。当宽度系列代号为 0 时可省略，见表 10-8。

表 10-8　尺寸系列代号

			向心轴承						推力轴承					
			宽度系列						高度系列					
			宽度尺寸依次递增						高度尺寸依次递增					
			8	0	1	2	3	4	5	6	7	9	1	2
直径系列	外径尺寸依次递增	7	—	—	17	—	37	—	—	—	—	—	—	—
		8	—	08	18	28	38	48	58	68	—	—	—	—
		9	—	09	19	29	39	49	59	69	—	—	—	—
		0	—	00	10	20	30	40	50	60	70	90	10	—
		1	—	01	11	21	31	41	51	61	71	91	11	—
		2	82	02	12	22	32	42	52	62	72	92	12	22
		3	83	03	13	23	33	—	—	—	73	93	13	23
		4	—	04	—	24	—	—	—	—	74	94	14	24
		5	—	—	—	—	—	—	—	—	—	95	—	—

注：表中“—”表示不存在此种组合。

③ 类型代号表示轴承的类型，用一位数字或一至二位字母表示，见表 10-9。

表 10-9　常用滚动轴承的基本类型及特性

类型代号	类型名称	简　图	承载方向	性能和特点
1	调心球轴承	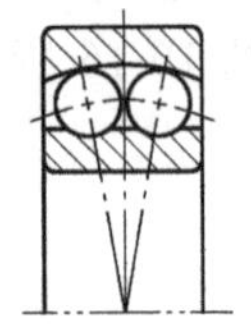	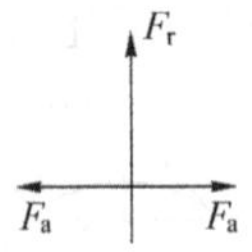	承受径向载荷为主，一般不宜承受纯径向载荷；能自动调心，允许角偏差≤2°～3°；适用于多支点传动轴、刚性较小的轴以及难以对中的轴
2	调心滚子轴承	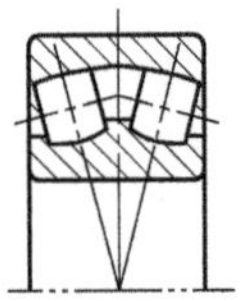	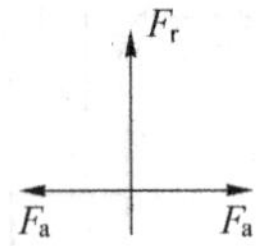	性能和特点与调心球轴承基本相同，但承载能力大些；允许角偏差≤1.5°～2.5°；常用于轧钢机、大功率减速器、吊车车轮等重载情况
3	圆锥滚子轴承	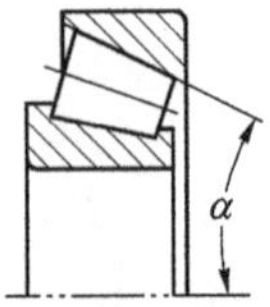	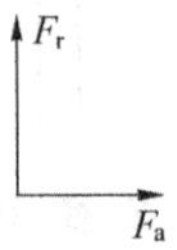	可同时承受径向和单向轴向载荷；外圈可分离，轴承间隙容易调整。允许角偏差 2′；常用于斜齿轮轴、锥齿轮和蜗杆减速器轴等；一般成对使用
5	推力球轴承 51000	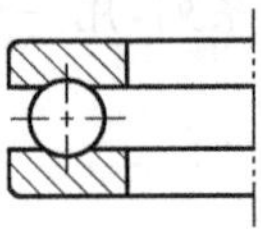		只能承受轴向载荷，51000 型用于承受单向轴向载荷，52000 型用于承受双向轴向载荷；不宜在高速下工作；常用于起重机吊钩、蜗杆轴和立式车床主轴的支承等
	双向推力球轴承 52000	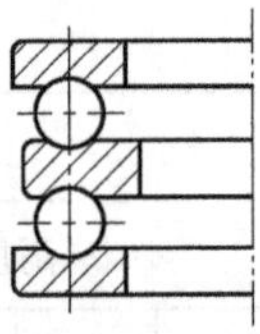		
6	深沟球轴承	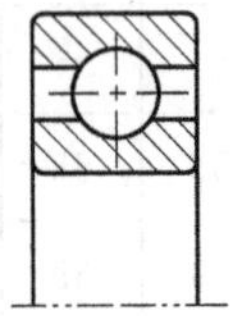	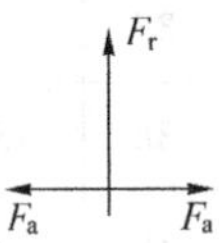	主要承受径向载荷，也能承受一定的轴向载荷；极限转速高，高速时可用来承受不大的纯轴向载荷；承受冲击能力差；价格低廉，应用最广；允许角偏差≤2′～10′；适用于刚性较大的轴，常用于机床齿轮箱、小功率电动机等
7	角接触 球轴承 α=15°(C) α=25°(AC) α=40°(B)	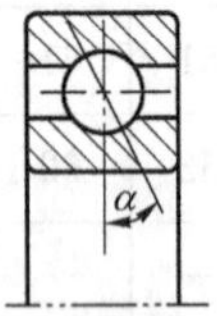	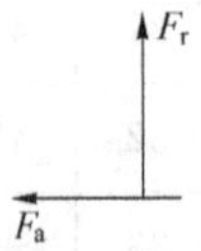	可同时承受径向和单向轴向载荷；接触角 α 越大，承受轴向载荷的能力越大，一般成对使用；高速下能正常工作；允许角偏差≤2′～10′；适用于刚性较大的轴，常用于斜齿轮及蜗杆减速器中轴的支承等
N	圆柱滚子轴承	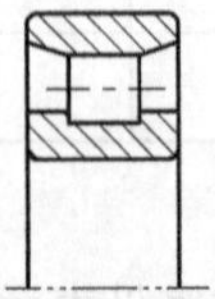		承受径向载荷的能力大，能承受较大的冲击载荷；内、外圈可分离；允许角偏差≤2′～4′；适用于刚性较大、对中性良好的轴，常用于大功率电机、人字齿轮减速器等

基本代号为 71109，表示角接触球轴承，尺寸系列 11，内径 $d=45$ mm。

基本代号为 N211，表示圆柱滚子轴承，尺寸系列(0)2，内径 $d=55$ mm。

(2) 前置代号：用字母表示成套轴承的分部件。例如，L 表示可分离轴承的可分离内圈或外圈；K 表示滚子和保持架组件；KIW 表示无座圈推力轴承等。

(3) 后置代号：用字母或数字表示，包含轴承的内部结构、材料、公差等级、游隙和其他特殊要求等内容，下面介绍常用的几个代号。

① 内部结构代号：表示不同的内部结构，用紧跟在基本代号后的字母表示，例如，表 10-13 中的 7 类轴承，接触角 $\alpha=15°$时用字母 C 表示。

② 公差等级代号：滚动轴承公差等级分为 0、6、6x、5、4、2 六级，依次由低级到高级。公差等级代号标注方法为在轴承代号后写/P6、/P6x、/P5、/P4、/P2。如 6208/P6。0 级为普通级，应用最广，不标注。

③ 游隙代号：滚动轴承的游隙分为 1、2、0、3、4、5 共六组，径向游隙依次增大，标注方法分别为/C1、/C2、/C3、/C4、/C5，0 组游隙又叫基本游隙，不标注。

当公差代号与游隙代号需同时表示时，可简化标注，如/P63 表示轴承公差等级为 6 级，径向游隙为 3 组。

前、后置代号及其他更详细的有关内容及表示方法详见 GB/T 272—93。

三、轴承零件除锈

轴承是机械中容易生锈的零件之一，这里介绍一下零件除锈的方法。

1. 机械除锈

它是利用机械的摩擦、切削等作用去清除零件的表面锈层。常用的方法有刷、磨、抛光、喷砂等。

2. 化学方法除锈

金属的锈蚀产物，主要是金属的氧化物。化学除锈就是利用这类金属氧化物易在酸中溶解的性质，用一些酸性溶液清除锈层，达到除锈的目的。

§10.6　想一想、议一议

1. 说明表 10-10 中滚动轴承代号的意义，绘制其结构简图，并在图中标明轴承的受力方向。

表　10-10

轴承代号	简图及轴承类型名称	轴承内径(mm)	尺寸系列	类　　型	公差等级
30310					
6308/P5					
7324AC					
N2315					

2. 通过查机械设计手册,将相关尺寸填入表 10-11 中。

表 10-11

轴承类型	内径(mm)	外径(mm)	宽度(mm)	基本额定动载荷 C(kN)	基本额定静载荷 C_0(kN)
6009					
6209					
6309					
6409					

3. 滚动轴承通常由__________、__________、__________和__________组成。

4. 滚动轴承可分为:主要承受径向负荷的__________,只能承受轴向负荷的__________和__________能同时承受径向负荷与轴向负荷的__________。

5. 讨论与思考:

(1) 讨论铣床中的轴承类型。

(2) 讨论交流在拆装机器过程中的各类方法和心得体会。

(3) 讨论在拆装机器过程中对工具的使用心得。

项目十一　机械传动系统功能分析

§11.1　能力目标

一、知识要求

（1）了解能量传递系统的组成。

（2）了解能量传递系统各部分的总体功能。

二、技能要求

（1）能正确分析能量传递系统。

（2）能正确编写拆装工作计划。

§11.2　材料、工具及设备

车床、拆装工具、清洗和润滑工具等。

§11.3　学习内容

活动1　分析能量传递系统

一、认识机械传递系统

根据项目八的要求，将车床的箱盖、皮带罩等零件拆去，进行观察。可以看到如图11-1所示机床上有动力系统、传递系统、控制系统、执行系统、辅助系统等组成。

动力系统是产生动力即机械能，它一般由电能通过电动机转换而成。当然除了电能以外还有液压能、蒸汽动力、内燃机动力等。车床的动力系统是电动机。传递系统主要是把动力传递到执行系统，使执行系统执行某项任务。机械传递系统的传动一般有带传动、齿轮传动、螺母副传动、联轴器传动等，此车床的机械传递系统也一样。

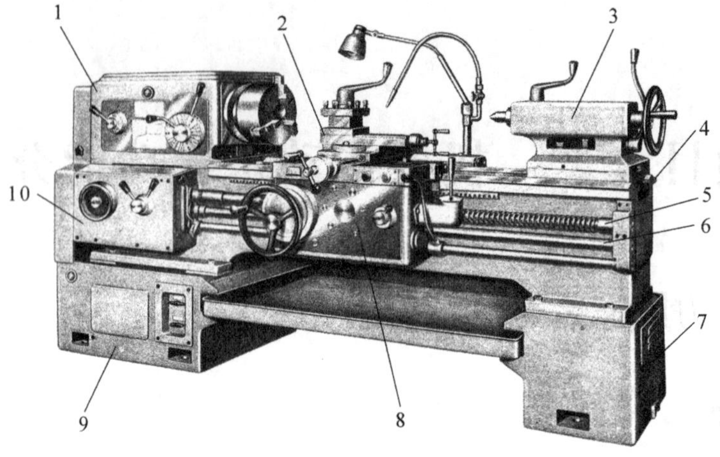

图 11-1　能量传递系统

1—三角带传动；2、3、5、8—螺母副传动；6、10—齿轮传动；
4—导轨副传动；7、9—床身

知识点 机械传递系统

齿轮变速箱是通过电动机的驱动力来工作的，在电动机驱动轴和变速箱的被驱动轴之间靠联轴器联接，故联轴器是联接两轴并传递转动和转矩。在电动机驱动轴和变速箱的被驱动轴之间除了联轴器传动之外还有带传动，如图 11-2、图 11-3 所示。

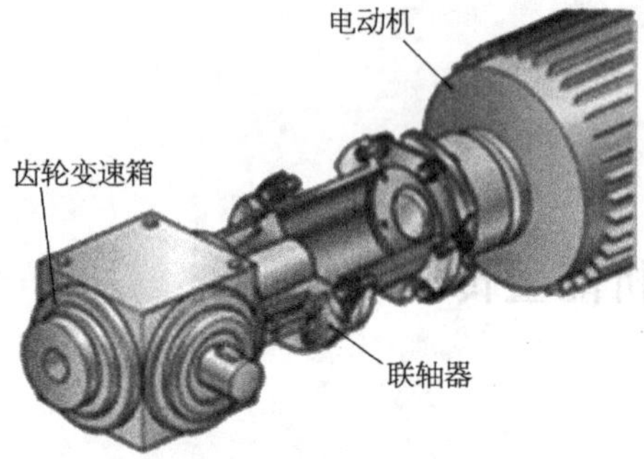

图 11-2　为联轴器传动

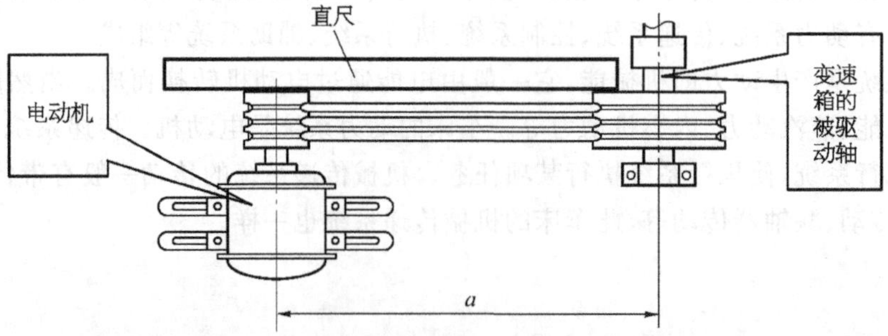

图 11-3　带　传　动

带传动是一种常见的、成本较低的动力传动装置，在生产和生活的各种机器中，如汽车、缝纫机、数控机床、电脑等系统中广泛使用。它具有运动平稳、清洁（无需润滑）、噪声低的特点，还有缓冲减振和过载保护等作用，并且维护方便。但因传动带的强度较低、疲劳寿命较短，所以其传递的功率受到限制。如果对带的强力层材料用钢丝、尼龙、聚酯纤维等进行改善，带传动也可以用于某些功率较高的动力传动。它分为同步带传动、三角带传动、平带传动、圆带传动等。

三角带传动中带的截面形状为等腰梯形，工作时带的两侧面是工作面，与带轮的环槽侧面接触，属于楔面摩擦传动。在相同的带张紧程度下，三角带传动的摩擦力要比平带传动约大 70%，其承载能力因而比平带传动高。在一般的机械传动中，三角带传动现已取代了平带传动而成为常用的带传动装置，图 11-3 即为三角带传动。

同步带传动也称啮合传动，如图 11-4 所示，它是靠传动带上的齿与带轮上的齿槽的啮合作用来完成运动和动力传递的。故它的传动精度比三角带等带传动要高，所以它可以应用在位移精度较高的场合，如图 11-3 中所示。

齿轮传动不仅能够输送机械能，改变转速，还可以改变转向。而且，不同的齿轮传动对转向改变的作用是不同的。齿轮传动改变转速和转向，主要通过齿轮变速箱来实现。一对啮合齿轮由于齿数的不一样，可以使输入轴和输出轴的转速和转向发生改变，如图 11-5 所示。

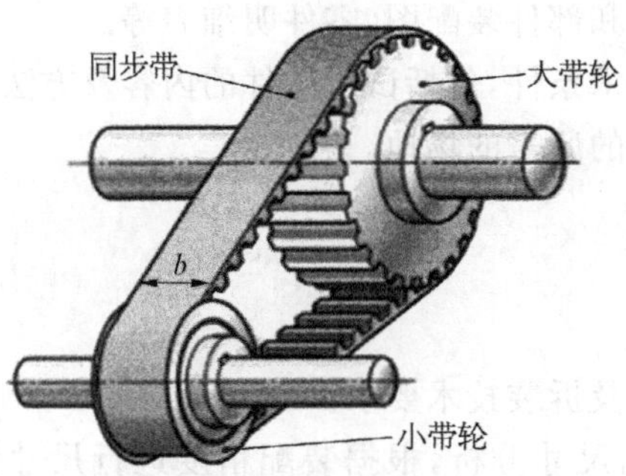

图 11-4　同步带传动

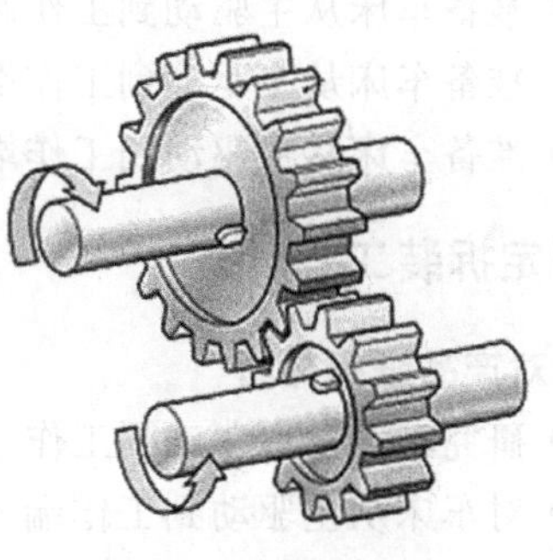
图 11-5　齿轮传动

螺母副传动主要是通过螺杆和螺母之间的旋合传动来工作的。一般为螺杆转动来带动螺母的移动，螺母再与工作台连接，使工作台一起移动如图 11-1 所示。

机械控制系统主要是通过改变变速箱内不同配对齿轮的啮合，来改变输出轴的转速和转向。通过操纵手柄来调节轴上滑移齿轮的位置，使不同配对齿轮的啮合以达到目的。

机械执行系统一般是整台机器的目的输出，如车床就是通过工件的旋转，而使刀具进行切削工件。

二、能量传递系统分析

1. 从主驱动到工作端

通过盘车，仔细观察其传动装置的运转，可以发现其运动和动力的传递情况如下：运动和动力由电动机的输出轴→带传动的主动轮→带传动的从动轮→直齿圆柱齿轮传动的主动轮→直齿圆柱齿轮传动的从动轮→其他轮系传动的主动轮→其他轮系传动的从动轮→车床主轴→工件，主轴转动并输出转动和转矩进行工件的加工，如图 11-1 所示。

2. 从次驱动到工作端

进入主轴箱的动力→换向机构→挂轮机构→进给变速机构→丝杆、光杆→溜板箱→刀架，如图 11-1 所示。

活动 2　编写拆装工作计划

通过活动 1 的分析，制订车床从主驱动到工作端部件的拆装工作计划。

一、了解拆装工作计划的制订原则

(1) 在保证产品不被损坏的前提下进行拆装。

(2) 合理安排拆装工序，尽量减少拆装工作量，缩短拆装周期。

(3) 尽可能减少占据车间的生产面积。

二、准备工作计划所需原始资料

(1) 准备车床从主驱动到工作端部件的总装图和部件装配图，零件明细表等。

(2) 准备车床从主驱动到工作端部件的验收技术条件，包括试验工件的内容及方法。

(3) 准备车床从主驱动到工作端部件拆装规模的所需的场地。

三、制定拆装工作计划

1. 对产品进行分析

(1) 研究车床从主驱动到工作端部件的装配图及拆装技术要求。

(2) 对车床从主驱动到工作端各部件进行结构尺寸分析，根据装配精度进行尺寸链分析计算，以确定达到装配精度的方法。

(3) 对车床从主驱动到工作端各部件结构进行工艺性分析，将车床从主驱动到工作端各部件分解成独立组件和分组件。

2. 确定拆装组织形式

根据车床从主驱动到工作端各部件结构特点和生产批量，选择分组的拆装组织形式。以小组为单位进行部件拆装的划分，拆装工序先集中后分散。

3. 根据拆装单元确定拆装顺序

首先选择车床主轴为拆装基准，然后根据拆装结构的具体情况，按先下后上，先外后内，先难后易，先精密后一般，先重后轻的规律去确定车床从主驱动到工作端各部件拆装顺序。确定如下：电动机的输出带传动机构部件→挂轮机构部件→主轴箱盖部件→各传动轴部件→车床主轴部件。

4. 划分拆装工序

将车床从主驱动到工作端各部件拆装工作计划按具体情况（人手和场地）划分为若干工序，并确定各个工序的工作内容、所需的设备、工夹具及工时定额等。

5. 制定装配工艺卡片

对于单件小批量生产，不需制定工艺卡，安装人员按装配图和装配单元系统图进行装配。成批生产，应根据装配系统图分别制定总装和部装的装配工艺卡片，简要说明每一工序的工作内容、所需设备和工夹具等。

注意

拆装工作计划是拆装过程中的主要依据，是拆装过程中不可缺少的部分，故其正确性关系到整个拆装质量的好坏。在拆装机器的时候，制订一份正确的拆装工作计划是非常关键的。

§11.4　考核建议

职业技能考核				职业素养考核			
是否完成	完　成　情　况			安全	卫生	合作	……
	要求 1	要求 2	……				

§11.5　想一想、议一议

1. 分组讨论主轴箱中有哪些部件，根据自己的认识程度说出其名称及传递的过程。
2. 分组讨论车床的进给系统的组成和工作原理。

项目十二　带传动装置的拆装

§12.1　能力目标

一、知识要求

（1）知道带传动的类型：三角带传动、同步带传动、其他带传动（如平带、圆带）。
（2）认识同步带传动装置。
（3）能进行安全文明操作。

二、技能要求

（1）能正确拆装三角带传动装置。
（2）掌握三角带的组成与标准。
（3）正确安装三角带传动装置。
（4）掌握三角带传动预紧及其检测。

§12.2　材料、工具及设备

车床的带传动部分、拆装工具。

§12.3　学习内容

活动1　观察皮带传动装置——认识其组成

根据项目八的拆卸要求，打开挂轮箱的箱盖（或拆去皮带外的防护装置），观察带传动方式（见图12-1）。通过观察发现带传动是由两个带轮和一组皮带组成，两个带轮中其中一个与电动机相联结，另一个通过皮带相联结。当拨动其中一个带轮，在皮带的作用下能够带动另一个带轮旋转。我们可以自己分析一下这两个带轮中哪个是主动轮，哪个是从动轮。通过寻找和分析我们知道：与电动机直接连接的是主动轮，另一个由皮带带动的是从动轮。

通过观察发现，带传动装置是由主动带轮、从动带轮和传动带组成。传动带具有弹性，包绕在带轮外面并适度张紧。它的运动传递过程是：运动和动力由主动带轮通过传动带传递给从动带轮。

图 12-1　车床的带传动装置

带传动是一种常见的、成本较低的动力传动装置，在生产和生活的各种机器中，如汽车、缝纫机、数控机床、录音机等系统广泛使用。它具有运动平稳、清洁（无需润滑）、噪声低的特点，还有缓冲减振和过载保护等作用，并且维护方便。但因传动带的强度较低、疲劳寿命较短，所以其传递的功率受到限制。如果对带的强力层材料用钢丝、尼龙、聚酯纤维等进行改善，带传动也可以用于某些功率较高的动力传动，带传动还可以实现远距离传输。

活动 2　拆卸皮带和带轮——认识带传动的种类

用工具卸下皮带和带轮，观察皮带和轮槽的形状。发现车床上使用的皮带的截面为等腰梯形。带在安装时，皮带底面与轮槽底面并不接触，主要靠皮带的侧面与带轮产生的摩擦力来传递动力。当然还有另一种应用广泛的带传动，那就是齿形皮带传动，它靠啮合来传递动力。

根据传动原理的不同，带传动可分为摩擦传动型和啮合传动型两大类。

1. 摩擦传动型

摩擦传动型是利用传动带与带轮之间的摩擦力传递运动和动力。摩擦型带传动中，按照带截面形状不同，可分为：

（1）普通平带传动（见图 12-2）：平带传动中带的截面形状为矩形，工作时带的内面是工作面，与圆柱形带轮工作面接触，属于平面摩擦传动。

图 12-2　普通平带与带轮

(2) 三角带传动(见图 12-3):三角带传动中带的截面形状为等腰梯形。工作时带的两侧面是工作面,与带轮的环槽侧面接触,属于楔面摩擦传动。目前的装置就属于三角带传动。在相同的带张紧程度下,三角带传动的摩擦力要比平带传动约大 70%,其承载能力是平带传动的 3 倍。在一般的机械传动中,三角带传动现已取代了平带传动而成为常用的带传动装置。

图 12-3 三角带与带轮

(3) 圆带传动(见图 12-4):圆带传动中带的截面形状为圆形,圆形带有圆皮带、圆绳带、圆腈纶带等,其传动能力小,主要用于 $v<15$ m/s, $i=0.5\sim3$ 的小功率传动,如仪器和缝纫机等家用器械中的带传动。

图 12-4 缝纫机中的圆带传动

2. 啮合传动型

啮合传动也称同步带传动,如图 12-5 所示,它是靠传动带上的齿与带轮上的齿槽的啮合作用来完成运动和动力传递的。其中三角带传动和同步带传动是工业上最为常用的带传动。

图 12-5 同步带传动

知识点 三角带传动的类型和结构

三角带有普通三角带、窄三角带、宽三角带、大楔角三角带等多种类型，其中普通三角带应用最广，窄三角带的使用也日见广泛。

普通三角带是截面呈等腰梯形的橡胶带，两侧面是其工作面，如图 12-6 所示，结构由顶胶、抗拉体(承载层)、底胶和包布组成。其上下的顶胶和底胶分别承受弯曲时的拉伸和压缩变形。抗拉体是承受负载拉力的主体，根据其材料组成，可以分为帘布结构和线绳结构三角带，线绳结构三角带具有柔韧性好、使用寿命长的特点，适用于带轮直径较小，转速较高的场合。

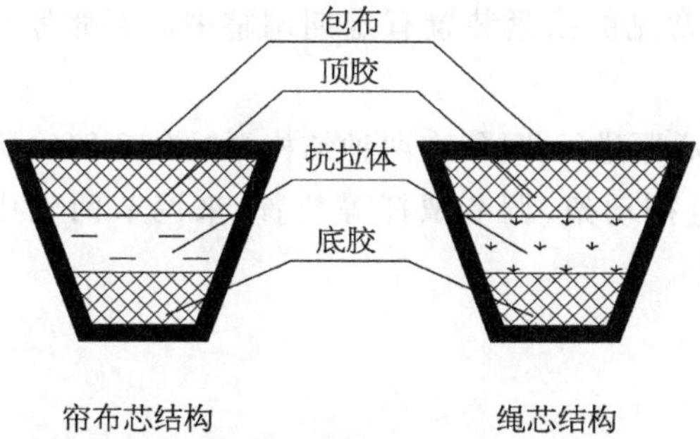

图 12-6　普通三角带结构

三角带都制成无接头的环形，在规定张紧力下弯绕在带轮上时外层受拉伸变长，内层受压缩变短，两层之间存在一长度不变的中性层。

按 GB/T11544-97 规定，普通三角带分为 Y、Z、A、B、C、D、E 七种型号，三角带的楔角都是 40°。

活动 3　三角带传动装置的安装、调整与检测

一、三角带传动的安装与调整

1. 带与带轮的安装

将主动带轮和从动带轮分别安装到轴上，随后装上皮带，并检查是否符合安装要求。

2. 带张紧程度的检测与调整

(1) 带张紧程度检测：凭经验，带的张紧程度以大拇指能将带按下 15 mm 为宜，如图 12-7 所示。根据三角带的摩擦传动原理，带必须在预张紧后才能正常工作，而且运转一定时间后，带会松弛，为了保证带传动的传动能力，必须重新张紧，才能正常工作。如果过松可以用以下方法调整。

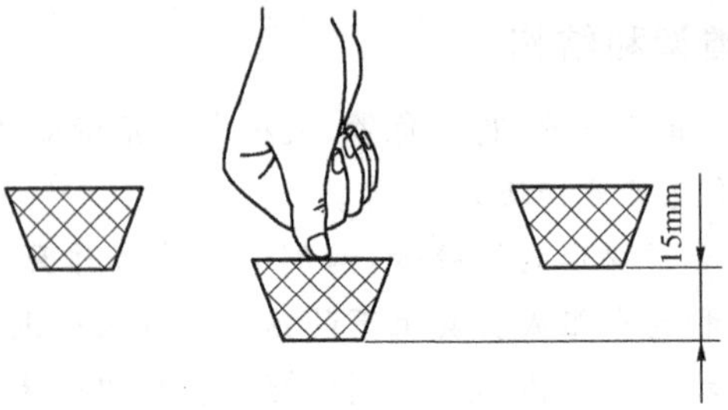

图 12-7　带张紧程度检测示意

(2) 带传动的张紧：常见的张紧装置有定期调整中心距张紧装置、安装张紧轮张紧装置等。

① 通过定期调整中心距进行张紧，有两种结构，如图 12-8(a)所示，通过滑轨、调节螺钉或如图 12-8(b)所示通过摆动架、调节螺杆等装置，来调节两轮中心距，从而达到张紧的目的。

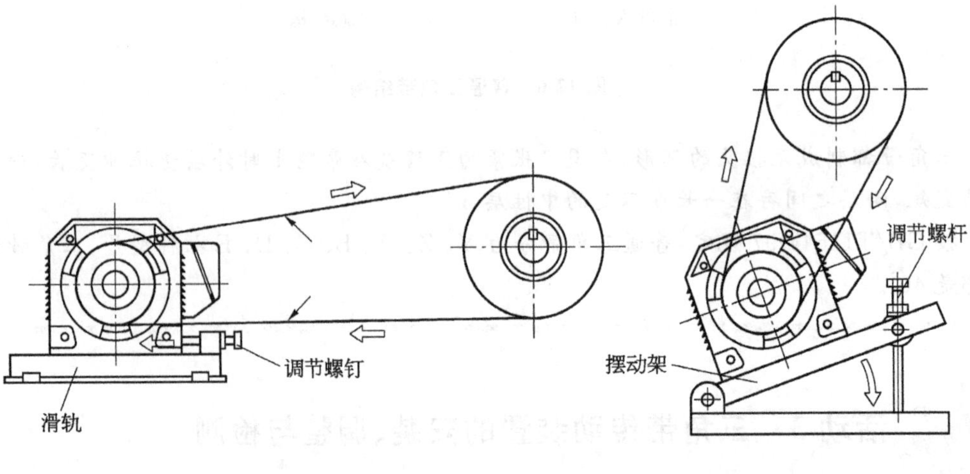

图 12-8　调整中心距张紧装置

② 利用重力自动张紧，此方法一般用于中小功率的传动，如图 12-9 所示。将装有带轮的电动机安装在可以自由转动的摆架上，利用电动机和机架的重量使带自动保持张紧。

③ 使用张紧轮张紧，如图 12-10 所示。张紧轮一般应尽量靠近大轮，以免过分影响在小带轮上的包角。张紧轮的轮槽尺寸与带轮的相同。

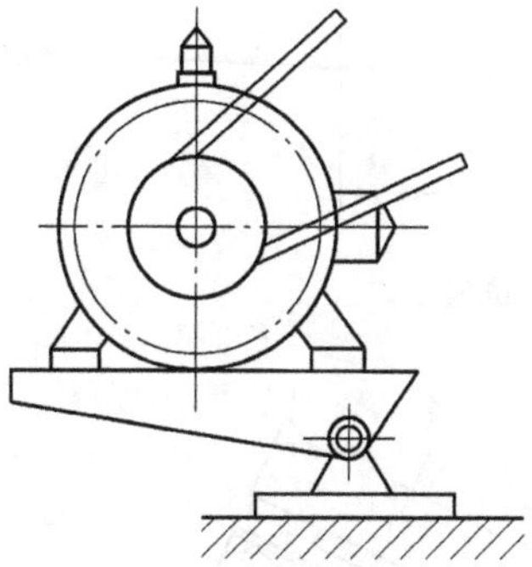

图 12-9　自动张紧装置

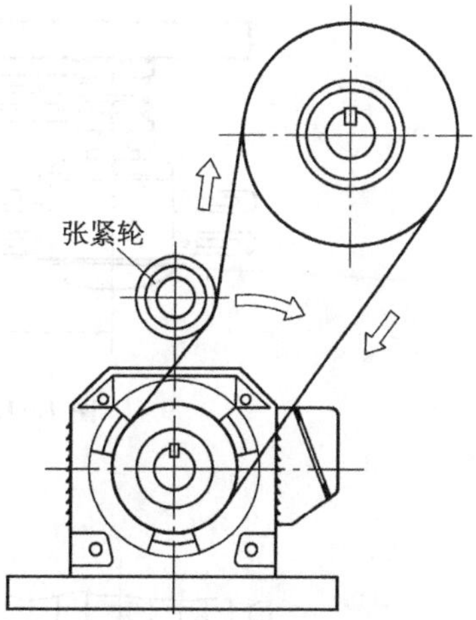

图 12-10　张紧轮张紧装置

二、三角带传动装置的检测

1. 三角带在轮槽中的正确位置

为保证带和带轮工作面能良好接触，带顶面需与带轮轮槽顶面基本平齐。如图 12-11(b)所示，以保证带的两侧工作面与轮槽全部贴合，图中的(a)、(c)两种情况是不允许发生的。

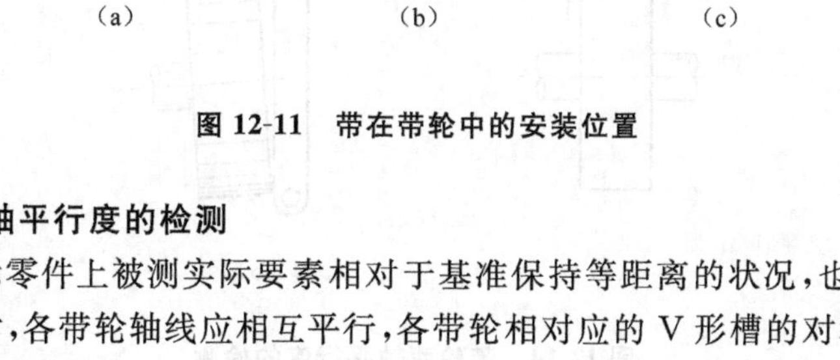

图 12-11　带在带轮中的安装位置

2. 安装后两轴平行度的检测

平行度是表示零件上被测实际要素相对于基准保持等距离的状况，也就是保持平行的程度。安装带轮时，各带轮轴线应相互平行，各带轮相对应的 V 形槽的对称平面应重合，如图 12-12 所示。如出现图 12-13 所示不正确的带轮安装位置，会引起 V 带的扭曲使两侧面过早磨损，导致带传动失效。

安装后两轴平行度的检测方法是：中心距较大的用拉线法检测[见图 12-14(a)]；中心距不大的可用直尺测量法[见图 12-14(b)]。

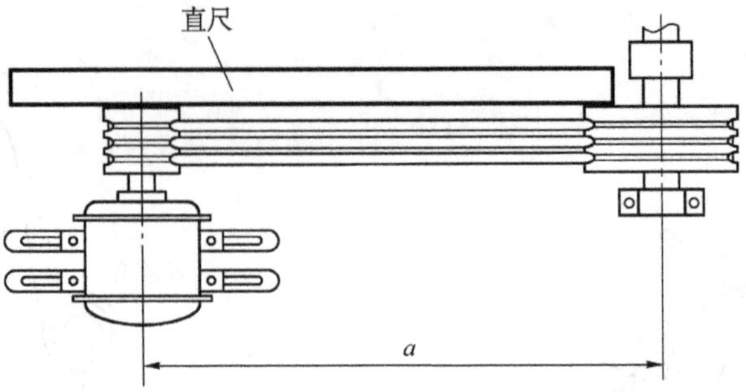

图 12-12　带传动的正确安装位置

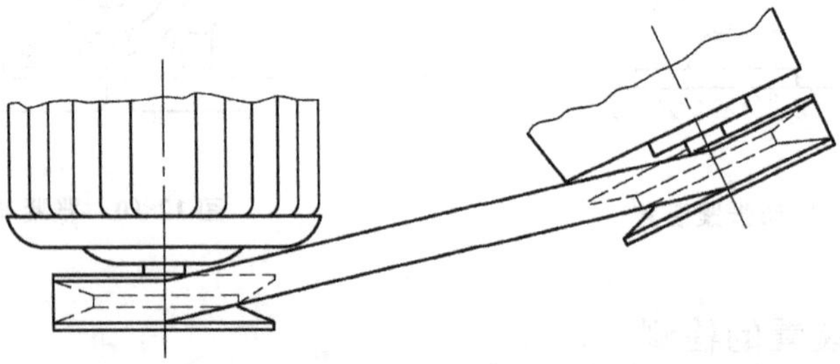

图 12-13　带传动的不正确安装位置

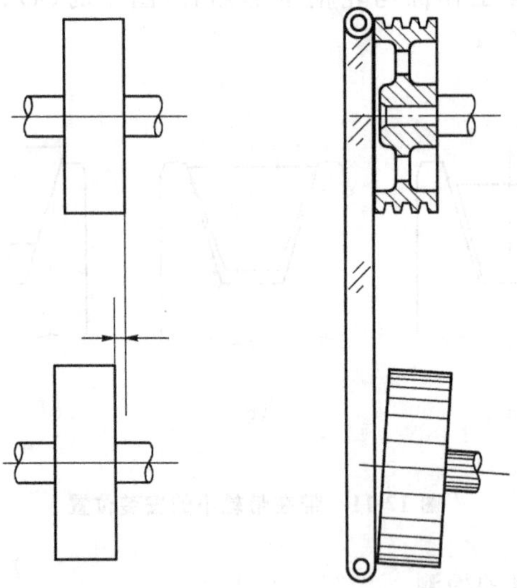

图 12-14　带轮两轴平行度的检测

三、带传动装置的拆装步骤

(1) 关掉电源，卸下防护罩，旋松电动机的装配螺栓。移动电动机使带足够松弛，取下带，但不得硬撬带。

(2) 取下旧带，检查是否有异常磨损。如磨损严重，则选择合适的带替换(而过度的磨损可能就意味着传动装置的设计或保养上存在问题)。

(3) 清洁带及带轮，用沾有少许不易挥发液体的抹布进行擦拭。带在安装使用前必须保持干燥。

(4) 检查带轮是否有异常磨损或裂纹，如果磨损过量，则必须更换带轮。

(5) 检查其余的传动装置部件，如轴承和轴套的磨损情况，耐用性及润滑情况等。

注意

(1) 不得在清洁剂中浸泡或是使用清洁剂刷洗皮带，也不可为除去油污及污垢，用砂纸擦或用尖锐的物体刮。

(2) 在带轮上安装新带时，绝不能撬或用力过猛。

活动 4　认识同步带传动装置

同步带传动是由一根内周表面设有等距齿的环形胶带和具有相应齿的带轮所组成，如图 11-4 所示。传动工作时，依靠带的凸齿与带轮齿槽的啮合来传递运动和动力。

由于同步带传动不是靠摩擦力来传递动力，所以传动带的预紧力可以很小，从而作用于带轮轴和其轴承上的力也很小，而且同步带承载层强度高，受载后变形极小，能保持齿形带的带节距不变，因而能保持准确的传动比。

同步带传动兼有带传动和齿轮啮合传动的特性和优点，传动的速度范围很宽，从每分钟几转到线速度 40 m/s 以上，传动效率可达 99.5%，传动比可达 10，传动功率从几瓦到数百千瓦。同步带在各种机械中的应用日益广泛。其主要缺点是制造和安装精度要求较高，中心距要求较严格，价格较贵。

同步带以氯丁橡胶或聚氨酯为基体，钢丝绳或玻璃纤维绳为承载层，工作面有齿形分布，如图 12-15 所示。同步带齿形有梯形和圆弧形，梯形齿同步带又有周节制和模数制两种。周节制梯形齿同步带称为标准同步带，它的基本参数是节距 P_b，见图 12-16。它是在规定的张紧力下，同步带纵截面上相邻两齿对称中心线的直线距离(单位为 mm)。同步带工作时保持原长度不变的周线称为节线，节线长度 L_b 为基本长度(公称长度)，轮上相应的圆称为节圆 d_b。

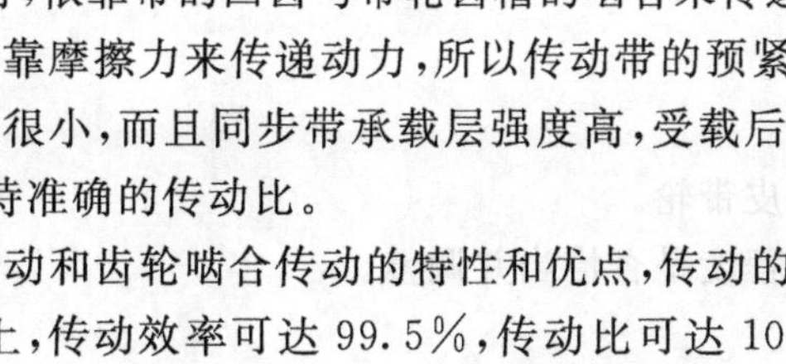

图 12-15　同　步　带

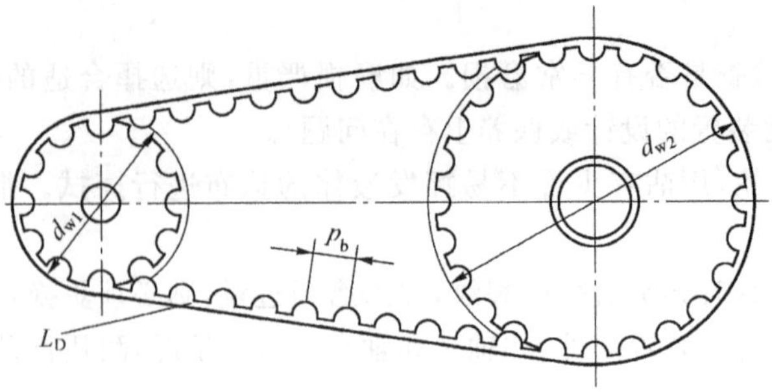

图 12-16　同步带与带轮

知识点 标准同步带轮的结构

同步带轮的材料及轮辐、轮毂结构同三角带轮。为防止齿形带工作时从带轮上脱落，一般推荐小带轮两边均有挡圈，而大带轮则无挡圈；或大小带轮均为单面挡圈，但挡圈各在大小带轮的不同侧。同步带轮轮齿形状有渐开线齿廓和直边齿廓两种(用于梯形齿同步齿形带)，其中渐开线齿廓的同步带轮可借用齿轮刀具展开加工。

活动设计

(1) 分组拆装皮带和皮带轮。

(2) 检测皮带的松紧程度是否恰当并调整。

(3) 小组讨论。

§12.4　考核建议

职业技能考核				职业素养考核			
是否完成	完成情况			安全	卫生	合作	……
	要求 1	要求 2	……				

§12.5　知识拓展

带传动的运转

1. 带传动的传动比 i

所谓带传动的传动比 i 是指主动带轮与从动带轮的转速之比，即：

$$i=\frac{n_1}{n_2}$$

式中　n_1、n_2——主、从带轮的转速，r/min。

$$i=\frac{n_1}{n_2}=\frac{d_2}{d_1}$$

式中　d_1、d_2——主、从带轮的直径。

2. 弹性滑动和打滑

在三角带传动中，有两种滑动情况是非常重要的，在带传动的运转中应予以注意。

(1) 弹性滑动：对于三角带传动，由于是属于摩擦带传动，在没有运转时，绕过带轮的三角带两端拉力相等；而当运转时，三角带两端的拉力一端增大，另一端减小。而三角带具有弹性，会发生弹性变形，因此，绕过带轮的三角带会因拉力的大小变化而产生与带轮表面之间的相对滑动，这种三角带工作时在带轮上的少量滑动就称为弹性滑动。

传动带弹性滑动将引起下列后果：

① 从动轮的圆周速度低于主动轮，因此带传动不能获得准确的传动比。

② 降低传动效率。

③ 引起带的磨损。

④ 发热使带温度升高。

在带传动中，由于摩擦力的变化使得带的两边发生不同程度的拉伸变形，而摩擦力是这类摩擦型传动所必须的，所以弹性滑动也是不可避免的。

(2) 打滑：在一定的初拉力作用下，带与带轮接触面之间摩擦力的总和有一极限值。当带所传递的动力(圆周力)超过带与带轮接触面间摩擦力的总和的极限值时，带与带轮将发生明显的相对滑动，这种现象称为打滑。带打滑时，从动轮转速急剧下降，使传动失效，同时也加剧了带的磨损，所以应避免打滑。

不能将弹性滑动和打滑混淆起来，打滑是由于过载所引起的带在带轮上的全面滑动，工作中是应该避免的；但是在传动突然超载时，打滑也可以起到过载保护作用，避免其他零件发生损坏。而弹性滑动是由于拉力差引起的，只要传递圆周力，就必然会发生弹性滑动，所以弹性滑动是不可以避免的。

§12.6　想一想、议一议

1. 填空：

(1) 为保证 V 带截面在轮槽中的正确位置，V 带的__________应与带轮的__________平齐，三角带的__________与轮槽的__________不应接触。

(2) 标准三角带分为__________结构和__________结构两种，它们主要区别在于制造__________层的材料不同。

(3) 三角带传动在安装时，两带轮的中心线应__________，两轮的槽应在__________，它们张紧程度以大拇指能按下皮带__________mm 左右即为合适。

(4) 当带传动的传动比 $i=1$ 时，带轮的包角 $\alpha=$__________。

(5) 三角带的传动是利用__________作中间挠性件，进行__________和__________传递的传动方式。它的基本工作原理是依靠__________和__________之间的__________来传递运动和动力。

(6) 三角带的截面形状是__________，其截面夹角通常为__________，带轮沟槽夹角比带的截面夹角__________。

(7) 三角带传动的特点是__________、__________、__________、但传动比__________，这是由于__________。

(8) 三角带张紧的目的是______________，带张紧的方法有__________、__________等。

(9) 在三角带传动中，当外载荷过大时，带会出现______________，所以能在过载时起__________作用。

2. 判断题(正确的打"○"，错误的打"×")：

(1) 三角带和平带一样，都是利用底面和带轮之间的摩擦力来传递动力的。(　　)

(2) 带轮直径越小，三角带使用寿命越短。(　　)

(3) 在选购一般用途三角带时，只要认准带的型号和公称长度即可购得适用的三角带。(　　)

(4) 带传动两带轮的中心距越大，小带轮的包角就越大。(　　)

(5) 三角带传动的张紧轮，其安装位置应在三角带松边的内侧，尽量靠近大带轮的一边。(　　)

(6) 一组三角带中只要有一根带不能正常使用，更换时必须一组带同时进行更换。(　　)

(7) 在传递功率一定情况下，三角带的速度太大或太小，都同样产生"打滑"现象。(　　)

3. 选择题：

(1) 带传动的主要失效形式是(　　)。

A. 带的拉断　B. 带的磨损　C. 打滑　D. 打滑和疲劳破坏

(2) 三角带合适的工作速度 v 应为(　　)。

A. $v \leqslant 5$ m/s　B. $v \geqslant 20$ m/s

C. 5 m/s $\leqslant v \leqslant$ 25 m/s　D. $v \geqslant 30$ m/s

(3) 三角带传动计算中不需圆整(取标准值)的是(　　)。

A. 带轮直径　B. 中心距　C. 带的根数　D. 带的内周长度

(4) 下列关于带传动中，不正确的说法是(　　)。

A. 吸振性好　B. 传动平稳　C. 过载打滑　D. 传动比保证准确

项目十三　链传动装置的拆卸

§13.1　能力目标

一、知识要求

（1）知道链条的组成与标准。

（2）知道链传动的张紧轮的功能与使用。

（3）能进行安全文明操作。

二、技能要求

（1）能正确拆卸链传动装置。

（2）能正确安装链传动装置。

（3）能正确检测两链轮轴的安装平行度。

§13.2　材料、工具及设备

链传动装置、拆装工具等。

§13.3　学习内容

活动 1　拆卸并认识链传动装置

一、拆卸链传动装置

观察自行车上的链传动装置(见图 13-1)，发现链传动是由装在平行轴上的两个链轮和绕在链轮上的环形链条所组成。当转动踏脚板时，大链轮在转动的同时，通过链条带动小链轮转动。链轮上制有特殊齿形的轮齿，以环形链条作中间挠性件，工作时靠链条与链轮的轮齿啮合来传递运动和动力。

为了进一步观察链条的结构，用工具拆除链条连接处的弹簧卡片，卸下链条，取下链轮上的销子或锁紧螺钉，拆下两链轮，观察链条，发现链条由链节所组成。

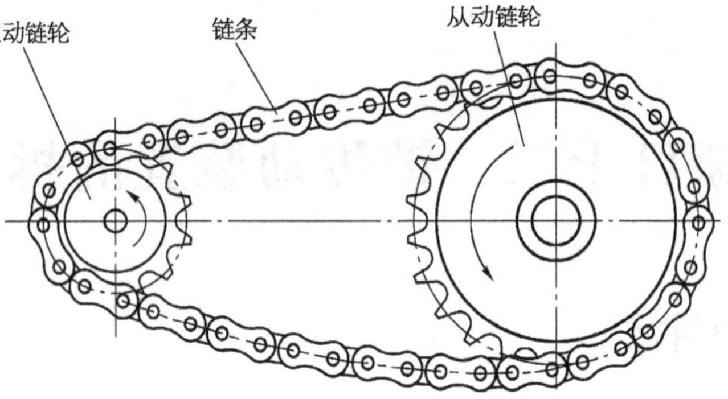

图 13-1 链传动简图

二、认识链传动的组成及功能

根据链节形状的不同，链传动可以分成好几种，下面我们就来认识一下链传动的类型。

1. 链传动的类型

在链传动中，按链条结构的不同可分为滚子链传动和齿形链传动两种类型。

(1) 滚子链传动：滚子链如图 13-2 所示，主要由内链板、外链板、销轴、套筒和滚子组成，它可以做成多排，排数越多，传动能力越大。

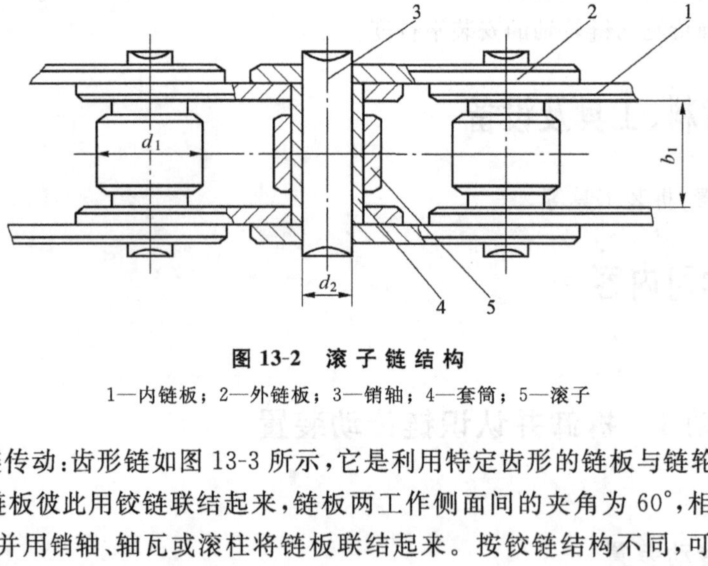

图 13-2 滚子链结构

1—内链板；2—外链板；3—销轴；4—套筒；5—滚子

(2) 齿形链传动：齿形链如图 13-3 所示，它是利用特定齿形的链板与链轮相啮合来实现传动的。齿形链板彼此用铰链联结起来，链板两工作侧面间的夹角为 60°，相邻链节的链板左右错开排列，并用销轴、轴瓦或滚柱将链板联结起来。按铰链结构不同，可分为圆销铰链式、轴瓦铰链式和滚柱铰链式三种形式。

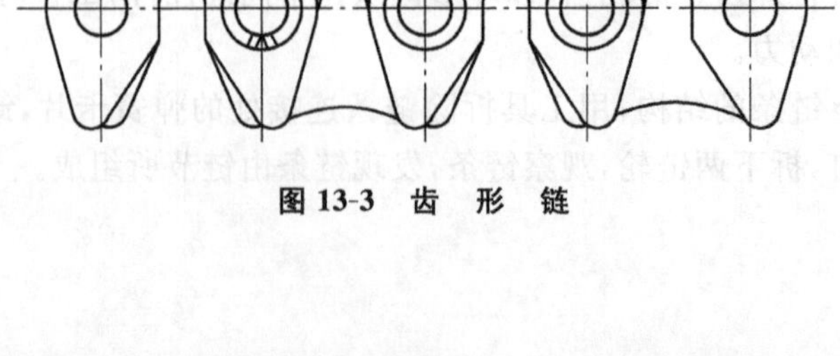

图 13-3 齿形链

提示

齿形链的优点是：工作平稳、噪声较小、允许链速较高、承受冲击载荷能力较好和轮齿受力较均匀等。缺点是：结构复杂、装拆困难、价格较高、重量较大并且对安装和维护的要求也较高。

2. 链传动的特点与应用

链传动是具有中间挠性件（链条）的啮合传动，是一种应用较广的机械传动形式。

链传动的主要优点是：无弹性滑动和打滑现象，能保证准确的平均传动比，传动效率高，其效率 $\eta=0.95\sim0.98$。作用于轴上的径向压力较小（因链条不需要像带那样张得很紧）。在同样的使用条件下，链传动结构较为紧凑，它通常工作于要求可靠，且两轴相距较远，以及其他不适宜采用齿轮传动的场合。例如，摩托车上应用了链传动，结构大为简化，而且使用方便可靠。链传动还可用于低速重型及极为恶劣的工作条件下，例如，掘土机的运行机构，虽受到土块、泥浆及瞬时过载等影响，但它仍能很好地工作。同时，链传动能在高温及速度较低的情况下工作。

与齿轮传动相比，链传动的制造与安装精度要求较低，成本低廉。在远距离传动（中心距离最大可达十多米）时，其结构比齿轮传动轻便得多。

链传动的主要缺点是：在两根平行轴间，只能用于同向回转的传动，运转时不能保持恒定的瞬时传动比，磨损后易发生跳齿，工作时有噪声，不宜在载荷变化很大和急速反向的传动中应用。

链传动广泛应用于矿山、农业、起重运输、冶金、建筑、石油、化工等机械的传动装置中，适用于传动比 $i\leqslant8$，传递功率 $p\leqslant100$ kW，线速度 $v\leqslant15$ m/s 的工作场合。

知识点 滚子链传动

1. 滚子链的结构

滚子链的结构如图 13-4 所示，由内链板、外链板、销轴、套筒和滚子组成。链传动工作时，套筒上的滚子沿链轮齿廓滚动，可以减轻链和链轮轮齿的磨损。

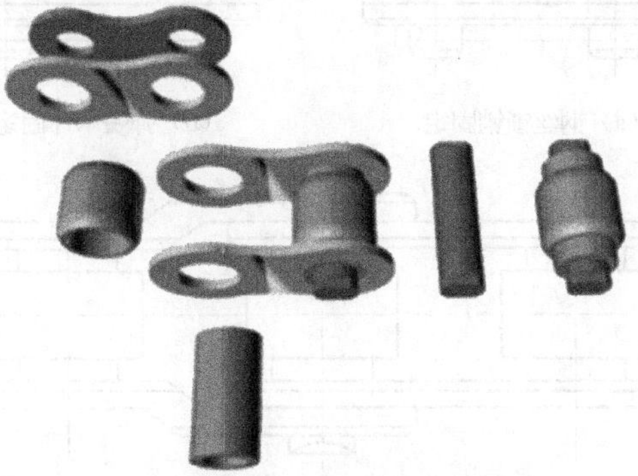

图 13-4 滚子链的组成和组装

把一根以上的单列链并列、用长销轴联结起来的链称为多排链，如图 13-5 所示的即为双排链。链的排数愈多，承载能力愈高，但链的制造与安装精度要求也愈高，且愈难使各排链受力均匀，并将大大降低多排链的使用寿命，故链的排数不宜超过 4 排。当传动功率较大时，可采用两根或两根以上的双排链或三排链。

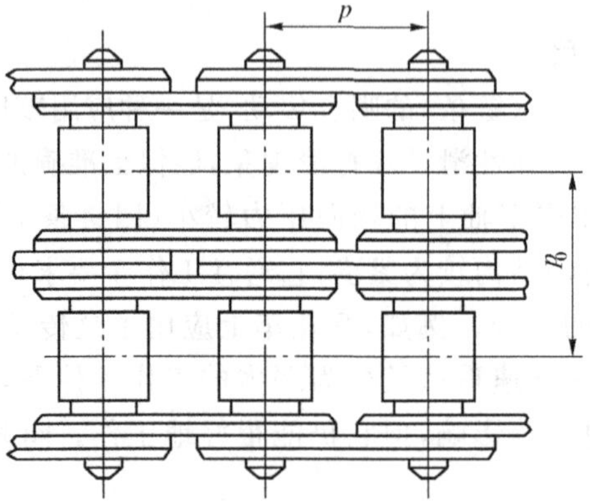

图 13-5　双排滚子链结构

2. 链的接头形式

为了形成链节首尾相接的环形链条，要用接头加以联结。链的接头形式如图 13-6 所示。当链节数为偶数时，采用连接链节，其形状与链节相同，接头处用钢丝锁销[见图 13-6(a)]或弹簧卡片[见图 13-6(b)]等止锁件将销轴与连接链板固定。当链节数为奇数时，则必须加一个过渡链节[见图 13-6(c)]。由于过渡链节的链板在工作时受有附加弯矩，故应尽量避免采用奇数链节。

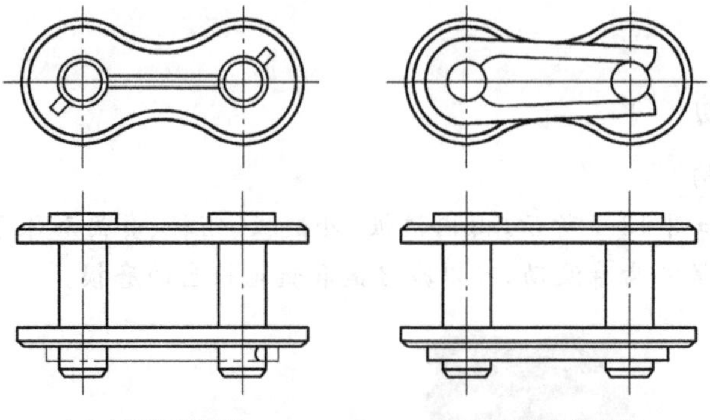

(a) 钢丝锁销固定　　(b) 弹簧卡片固定

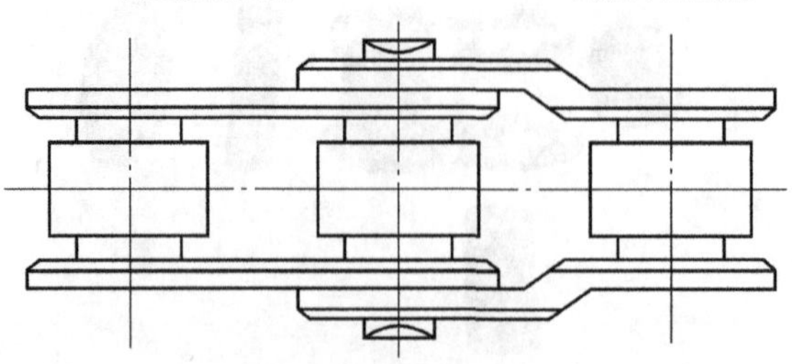

(c) 过渡链节

图 13-6　链　接　头

滚子链已经标准化，分为 A、B 两种系列。A 系列用于重载、高速或重要传动；B 系列用于一般传动。

滚子链的标记包括：链号、系列、排数、国标号。

例如：滚子链 08 A— 1× 80 GB1243.1—83

- 08：链号，其节距 $p = 12.700$ mm
- A：A 系列
- 1：单排
- 80：80 节
- GB1243.1—83：国际代号

活动 2　链传动装置的安装

在安装链传动装置时，先把链轮安装的链轴上，然后用销子固定或用螺钉锁紧，再把链条装到链轮上，并用弹簧卡片卡紧。同时需注意：

(1) 两链轮的回转平面应在同一平面内，否则易使链条脱落，或不正常磨损。布置时紧边在上，松边在下，以防松边下垂量过大使链条与链轮轮齿发生干涉或松边与紧边相碰，或采用张紧轮，如图 13-7 所示。

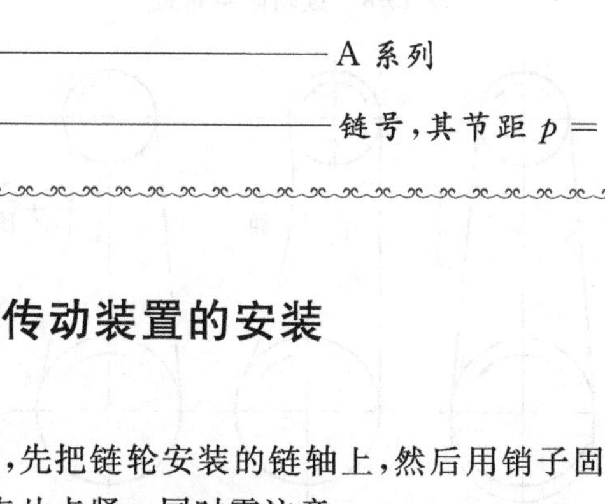

图 13-7　链轮水平布置

(2) 两链轮的连心线最好在水平面内，若需要倾斜布置时，倾角 φ 也应避免大于 45°，或采用张紧轮，如图 13-8 所示。

(3) 应避免垂直布置，因为过大的下垂量会影响链轮与链条的正确啮合，降低传动能力，如果必须垂直布置，应让上下两轮错开，或采用张紧轮，如图 13-9 所示。

(4) 两链轮轴线必须平行，否则会加剧链和链轮之间的磨损，从而降低传动的平稳性，还会增加噪声。可通过调整两轮轴两端支承件的位置来调整两轮轴线的平行度。

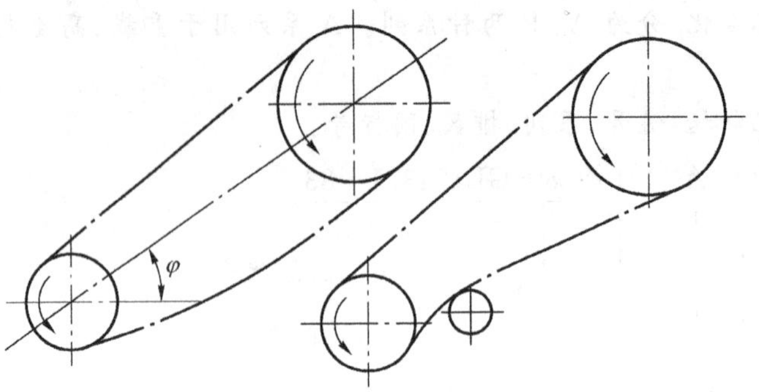

图 13-8　链轮倾斜布置

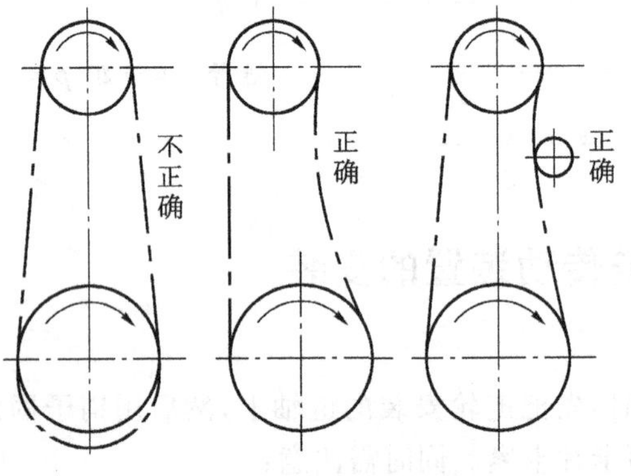

图 13-9　链轮垂直布置

(5) 两链轮的中心平面应重合，轴向偏移量应控制在许可范围内。

(6) 链轮在轴上的固定可以采用键联结加紧定螺钉、锥销固定或轴侧端盖固定的方式。

(7) 链轮在轴上固定后，其径向和端面圆跳动量也应符合有关的规定要求。

(8) 安装好的链条的下垂度不宜过大。当链传动的布置方式是水平或倾斜在 45°以内时，下垂度 f 应不大于 $2\%L$（L 为链传动的中心距）。当倾斜度增大时，要减小下垂度，对垂直放置的链传动，f 应小于 $0.2\%L$，检测方法如图 13-10 所示。链传动机构安装好以后，要检验链条的松紧程度，如不符合要求，就需要张紧链条。

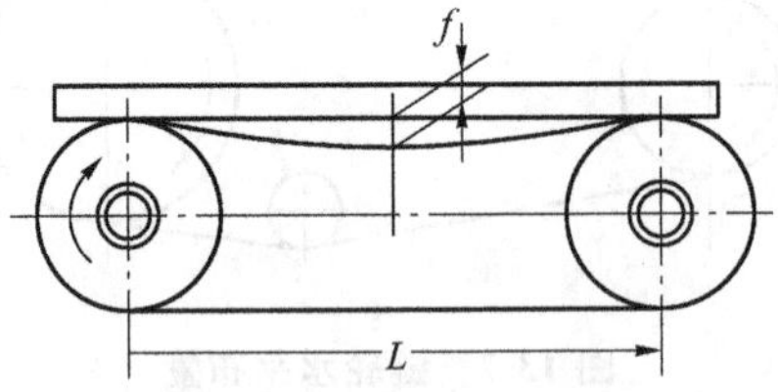

图 13-10　链条的下垂度检测

知识点　链传动的张紧

链传动张紧的目的主要是保证链条有稳定的从动边拉力以控制松边的垂度，使啮合良好，防止链条过大的振动。当两轮的连心线倾斜角大于60°时，通常应该设有张紧装置。一般张紧方法有：

1. 中心距调节法

通过移动链轮，增大两轮中心距，达到张紧的目的。

2. 张紧轮调节法

当中心距不可调时，可用张紧轮自动或定期张紧，如图13-11、图13-12所示。

图13-11　自动张紧

图13-12　定期调整

张紧轮应装在靠近小链轮的松边上，可分为有齿与无齿两种。其分度圆直径要与小链轮分度圆直径相近。无齿的张紧轮可以用酚醛层压布板制成，宽度应比链宽约宽5mm。还可用压板、托板张紧，特别是中心距大的链传动，用托板控制垂度更合理。

活动设计

(1) 分组拆装滚子链传动。

(2) 检查链条的松紧程度是否恰当，若不恰当进行调整。

(3) 小组讨论在拆装过程中的注意事项及经验和体会。

§13.4 考核建议

<table>
<tr><th colspan="4">职业技能考核</th><th colspan="4">职业素养考核</th></tr>
<tr><td rowspan="2">是否完成</td><td colspan="3">完 成 情 况</td><td rowspan="2">安全</td><td rowspan="2">卫生</td><td rowspan="2">合作</td><td rowspan="2">……</td></tr>
<tr><td>要求 1</td><td>要求 2</td><td>……</td></tr>
<tr><td></td><td></td><td></td><td></td><td></td><td></td><td></td><td></td></tr>
<tr><td></td><td></td><td></td><td></td><td></td><td></td><td></td><td></td></tr>
</table>

§13.5 想一想、议一议

1. 链条的基本参数是__________。
2. 代号为 16A-1×80GB1243.1-83 的链，其节距为__________。
3. 链条中应尽量避免使用过渡链节，这主要是因为____________________。
4. 链传动张紧的目的是____。
5. 两轮轴线在同一平面的链传动应使链条的紧边在上，松边在下，这样__________。
6. 链传动中，链节数和链轮齿数常分别取__________。

项目十四　齿轮传动装置拆装

§14.1　能力目标

一、知识要求

(1) 知道齿轮传动的类型。

(2) 知道直齿圆柱齿轮的基本参数，了解其尺寸计算。

(3) 了解圆锥齿轮传动装置的特点。

(4) 了解蜗轮、蜗杆传动装置的特点。

(5) 能进行安全文明操作。

二、技能要求

(1) 能正确拆装齿轮传动装置。

(2) 能检测安装后的齿轮传动装置。

(3) 能正确选配齿轮。

(4) 能正确清洗和润滑齿轮。

§14.2　材料、工具及设备

车床、拆装工具、百分表、软铅丝、红丹粉、清洗和润滑工具等。

§14.3　学习内容

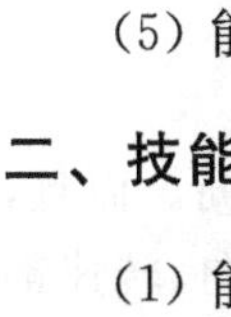

活动 1　拆卸车床的主轴箱盖——观察其传动过程

按项目八的要求，将一台普通车床的主轴箱盖拆去，由于箱盖较重，在移开时请注意安全，防止砸伤。

观察打开的主轴箱，如图 14-1 所示，其机械传动不仅有前面介绍过的带传动，还有齿轮传动。用手盘动皮带轮，发现齿轮传动的传递过程如下：

先是由电动机把动力传给带传动装置，再由带传动装置传给齿轮传动装置，通过齿轮轮系传动装置传递到主轴，最后带动工件旋转，完成工件的加工。

图 14-1 车床齿轮传动

通过观察我们发现，齿轮传动不仅能够输送机械能，改变转速，还可以改变转向。而且，不同的齿轮传动和对转向改变的作用不同。由于齿轮的传动，使得传动功率、转向、转速都发生了变化。

活动 2 拆卸圆柱齿轮传动装置

观察圆柱齿轮传动装置(见图 14-2)，按项目十(轴承拆装)讲述的方法拆去主轴上一端的轴承，并连同齿轮和主轴一起取出，然后用同样的方法拆下第二根轴上的齿轮和轴，再用棉布擦拭干净。

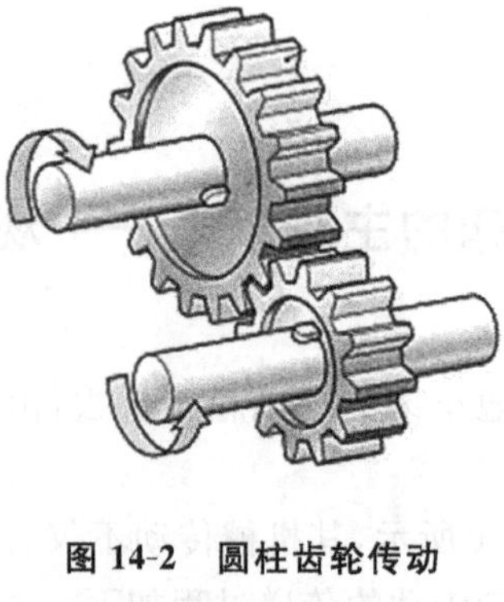

图 14-2 圆柱齿轮传动

观察拆卸后的圆柱齿轮传动装置，可以看到两轮的轴线相互平行，从带传动处接受运动的齿轮利用它的齿与另外一个齿轮的啮合传动，从而将运动传递给后者。

知识点 圆柱齿轮传动的类型

圆柱齿轮传动有内啮合和外啮合之分。轮齿的形状可以是直的、斜的或人字形的，如图14-3所示。

(a) 直齿圆柱齿轮传动　(b) 斜齿轮传动　(c) 人字齿轮传动

图 14-3　轮齿的形式

提示

在齿轮传动中，只有相同形状而且尺寸相配的齿轮在正确安装后，才能正确地进行啮合。

一、拆卸齿轮

将齿轮从轴上顺着键的方向拆卸下来，注意不要让齿轮与轴相碰撞，防止破坏轴的表面，同时注意安全，以防轮齿划伤手。对拆卸后的齿轮和轴上的其他零件做好清洗润滑工作，并按顺序放置，必要时(零件较多)进行编号后存放。圆柱齿轮的参数如下：

(1) 模数：观察拆下的齿轮，可以发现有些齿轮在一侧的端面上刻有一个数字(钢印)，这个数字是齿轮最重要的参数——模数，用 m 表示。模数是一个标准化的参数，GB1357—1987《渐开线圆柱齿轮模数》规定了圆柱齿轮的模数系列。

(2) 齿数：对齿轮的一个轮齿进行标记(可用手指按住一个轮齿)，然后依次数下去，可以得到一个数字，这是齿轮的齿数。齿数是齿轮的另外一个重要的参数，用 z 表示。

模数 m 的大小反映了轮齿的大小。模数越大，轮齿越大，齿轮所能承受的载荷就大；反之模数越小，轮齿越小，齿轮所能承受的载荷越小。图 14-4 所示为两个齿数相同($Z=16$)而模数不同的齿轮，可以比较其几何尺寸和轮齿大小。

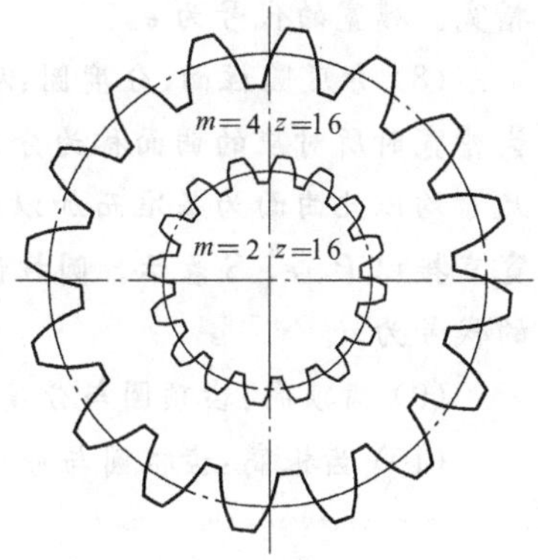

图 14-4　两个齿数相同模数不同的齿轮

(3) 齿形角：观察齿轮轮齿的形状，可以发现它既不是直线形的，也不是圆弧形的，这是渐开线的形状。一般的齿轮轮齿均采用渐开线形式，其形状用齿形角 α(也称为压力角)表示。标准直齿圆柱齿轮的齿形角 $\alpha=20°$。

知识点 直齿圆柱齿轮的名称和代号

图 14-5 所示为直齿圆柱齿轮的一部分,其主要几何要素如下:

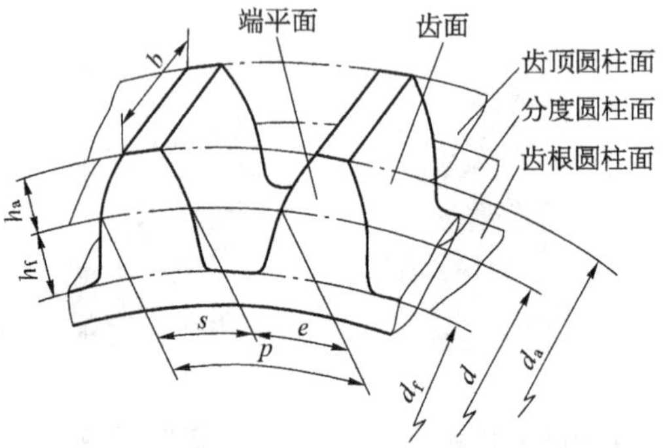

图 14-5 直齿圆柱齿轮

(1) 端平面:在圆柱齿轮上,垂直于齿轮轴线的表面。

(2) 齿宽:齿轮的有齿部位沿轴线方向度量的宽度称齿宽。齿宽的代号为 b。

(3) 齿顶圆柱面、齿顶圆:圆柱齿轮的齿顶曲面称齿顶圆柱面。在圆柱齿轮上,其齿顶圆柱面与端平面的交线称为齿顶圆。齿顶圆直径的代号为 d_a。

(4) 齿根圆柱面、齿根圆:圆柱齿轮的齿根曲面称齿根圆柱面。在圆柱齿轮上,其齿根圆柱面与端平面的交线称为齿根圆。齿根圆直径的代号为 d_f。

(5) 端面齿距:在齿轮上,相邻两齿同侧端面齿廓之间的弧长,称为端面齿距。在一般情况下,端面齿距可以简称为齿距。齿距的代号为 P。

(6) 端面齿厚:在圆柱齿轮的端平面上,一个齿的两侧端面齿廓之间的弧长,称为端面齿厚,简称齿厚。齿厚的代号为 S。

(7) 端面齿槽宽:在端平面上,一个齿槽的两侧齿廓之间的弧长,称为端面齿槽宽,简称槽宽。槽宽的代号为 e。

(8) 分度圆柱面、分度圆:从齿顶圆到齿根圆,齿厚在增大,而齿槽宽在减小。齿厚等于齿槽宽时所对应的曲面称为分度圆柱面。分度曲面是齿轮上的一个理想曲面,齿轮的轮齿尺寸均以此曲面为基准而加以确定。分度圆柱上的参数就不再加下标,如齿距、齿厚、齿槽宽直接以 P、e、S 表示。圆柱齿轮的分度圆柱面与端平面的交线称为分度圆。分度圆直径的代号为 d。

(9) 齿顶高:齿顶圆与分度圆之间的径向距离称为齿顶高,代号为 h_a。

(10) 齿根高:齿根圆与分度圆之间的径向距离称为齿根高,代号为 h_f。

二、正确选配直齿圆柱齿轮

车床中的齿轮拆卸下后,发现有损坏,如何进行更换和选配?你怎么能够让采购员或加工人员知道，你需要什么样的齿轮？

并不是任何两只齿轮安装在一起就能进行啮合传动，一对直齿圆柱齿轮能连续顺利地传动，需要各对轮齿依次正确啮合互不干涉。为保证传动时不出现两齿廓局部重叠引起卡死或侧隙过大导致冲击现象，必须使齿轮副满足以下条件：

(1) 两齿轮的模数相等，$m_1 = m_2$。

(2) 两齿轮的齿形角相等，$\alpha_1 = \alpha_2$。

这就是正确选配一对齿轮进行啮合传动的条件。由于标准齿轮的齿形角均为20°，所以在更换和选配齿轮时，应提供齿轮的模数和齿数。

三、正确选配斜齿圆柱齿轮

直齿轮的齿线为一根直线，而斜齿轮的齿线为螺旋线，螺旋线和轴线之间的夹角为螺旋角，其代号为 β，如图14-6所示。

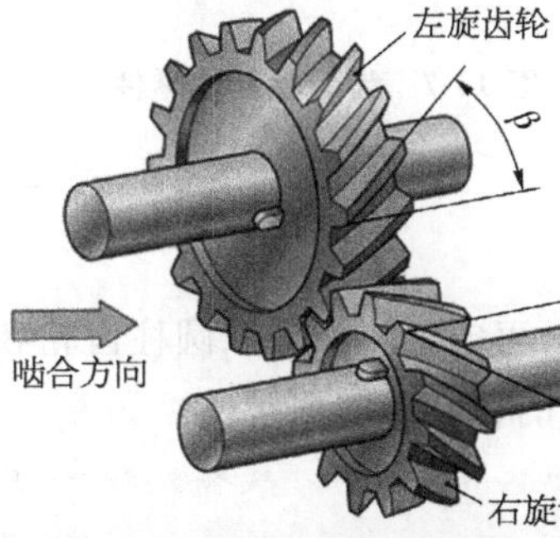

图 14-6　斜齿圆柱齿轮

斜齿圆柱齿轮的螺旋线方向分为左旋和右旋。其旋向判别如下：让斜齿轮轴线竖直放置，面对齿轮，轮齿的方向从左向右上升时为右旋斜齿轮；反之，从右向左上升时为左旋斜齿轮。

观察斜齿轮的啮合情况，可以发现，斜齿轮副啮合时，齿面上的接触线是倾斜的，沿着齿宽是逐渐接触并由短变长，再由长变短，直至啮合终止，其啮合过程比直齿长。斜齿轮传动相比直齿轮要平稳，连续性好，承载能力高。

由于斜齿轮具有一定的旋向和螺旋角的存在，所以，斜齿轮副的正确啮合条件不但要满足模数和压力角都相等的要求，还有一个条件是：两齿轮螺旋角相等，旋向相反。

所以，正确选配斜齿圆柱齿轮的条件是：

(1) 两齿轮的端面或法面模数相等，即 $m_1 = m_2$，或 $mn_1 = mn_2$。

(2) 两齿轮的端面或法面齿形角相等，即 $\alpha_1 = \alpha_2$，或 $\alpha n_1 = \alpha n_2$。

(3) 两齿轮的螺旋角相等，旋向相反，即 $\beta_1 = -\beta_2$。

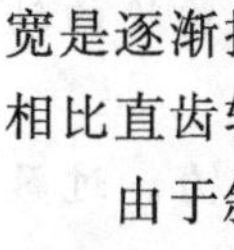

活动 3　安装圆柱齿轮传动装置

安装圆柱齿轮传动装置的步骤如下：

(1) 先做安装前的准备，即对轴、孔及所有零件进行清洁，必要时涂上润滑油。

(2) 将齿轮与轴上其他零件按拆卸的相反顺序安装到轴上。与拆卸时一样，注意安装时不要让齿轮与轴相碰撞，防止破坏轴的表面。同时注意安全，带上工作手套，以防轮齿划伤手。如图 14-7 所示，为齿轮及其他零件。

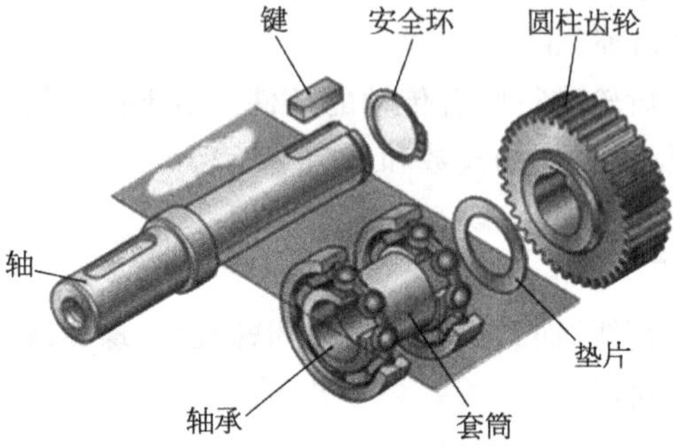

图 14-7　齿轮及其他零件

注意

安装时，先按要求安装好轴承，再安装垫片、键、圆柱齿轮和轴用挡圈。注意保证齿轮轴线与轴的同轴度，并严格控制齿轮的径向和端面跳动。

知识点　齿轮与轴的装配方法

根据齿轮的工作情况，齿轮在轴上有三种形式：空转、滑移和固定联结。在安装前，均应检查齿轮孔与轴相配合的表面粗糙度、尺寸精度和形位公差。

(1) 空转或滑移的齿轮：与轴的配合为小间隙配合，装配精度取决于零件本身的精度。由于是间隙配合，所以装配方便。注意齿轮在轴上不能出现咬住或阻滞现象，滑移齿轮的轴向定位要准确，轴向滑移位量应控制在规定范围内。

(2) 固定在轴上的齿轮：与轴的配合一般为过渡配合，装配时需要有一定的压力。过盈量较小时，可以借助工具如铜棒和锤子敲击安装；过盈量较大时，应通过压力机压装，注意避免齿轮偏斜和端面不到位等装配误差。必要时，可先对齿轮加热后，再进行热套或热压。

(3) 将齿轮轴部件安装到车床箱体上。齿轮轴部件在箱体中的位置，将直接影响齿轮传动的啮合质量。

(4) 检测圆柱齿轮传动装置的中心距。齿轮传动安装后两齿轮轴中心线之间的距离称为中心距。中心距的安装误差将直接影响齿轮啮合传动的质量。如果安装后的中心距偏大，则两齿轮轮齿的接触面降低，而且侧隙也会过大，容易发生冲击现象；如果中心距偏小，则会引起两轮的齿廓局部重叠，容易产生卡死现象。所以，为了保证齿轮的正确啮合传动，在安装时，必须将中心距的误差控制在一定范围内，如表 14-1 所示。

表 14-1　中心距误差范围

中心距(mm)	公差范围(mm)
<40	±0.03
40—100	±0.04
100—250	±0.05
>250	±0.07

(5) 检查两齿轮轮齿间的侧隙。

注意

安装后的齿侧间隙要在规定的范围内，即必须符合相关技术文件的要求。如果侧隙过大，换向空行程大，会产生冲击和噪声；侧隙过小，齿轮转动不灵活，严重时会出现卡死现象。

齿侧间隙检查的方法有如下几种：

(1) 压铅丝检查法：如图 14-8 所示，沿齿宽方向在齿面两端平行放置两条软铅丝(其直径一般低于最小侧隙的 4 倍)，齿宽较大时应放置 3～4 条。转动齿轮，将铅丝压扁后，测量其最薄处的厚度，这就是侧隙。

(2) 百分表检查法：如图 14-9 所示，将一个齿轮固定，在另外一个齿轮上装夹紧杆，由于存在侧隙，装有夹紧杆的齿轮可以摆动一定角度，从而推动百分表的测头，得到读数 C，通过如下公式计算可得到侧隙值 C_n：

$$C_n = C\frac{R}{L}$$

式中　C——百分表读数；

R——装夹紧杆齿轮的分度圆直径(mm)；

L——测量点到轴心的距离(mm)。

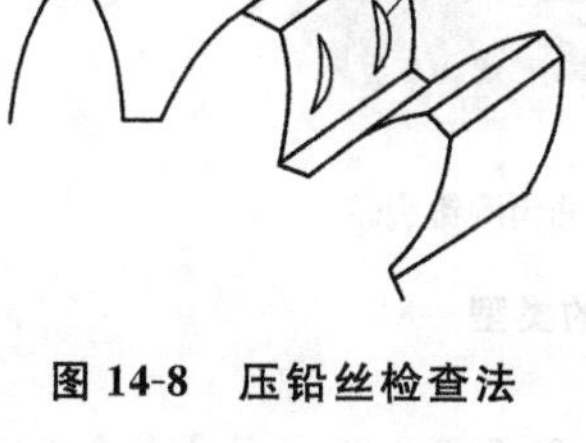

图 14-8　压铅丝检查法

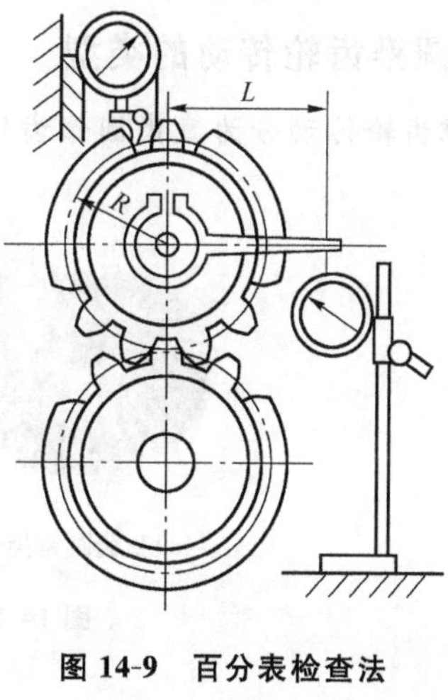

图 14-9　百分表检查法

(3) 检查两齿轮的接触精度。将红丹粉涂在大齿轮的工作齿面上,空转两啮合齿轮(转动齿轮时,应轻微制动被动轮),然后检查其接触斑点的情况。接触斑点的面积大小及分布应符合相关的技术要求。注意,相互啮合的两齿轮要有足够的接触面积和正确的接触部位。

活动 4　拆装圆锥齿轮传动装置

一、认识圆锥齿轮传动的功能和结构

观察圆锥齿轮传动装置可以发现,经过圆锥齿轮传动装置后,传动的轴线方向变换成垂直方向,即发生了 90°的变化。可见,圆锥齿轮传动可用来传递相交两轴的运动和动力,如图 14-10 所示。

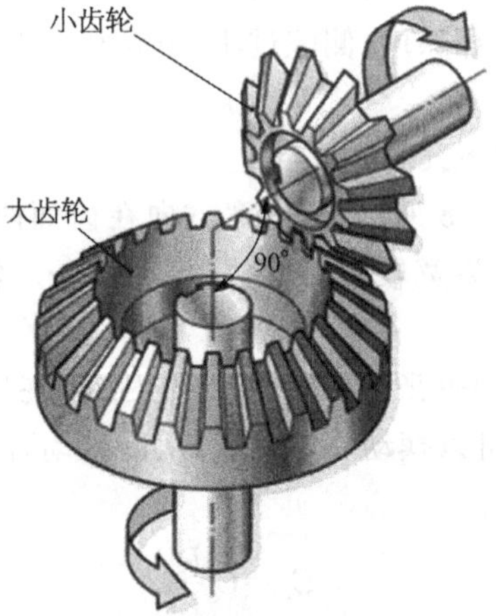

图 14-10　圆锥齿轮传动装置

知识点　圆锥齿轮传动的类型

圆锥齿轮传动分为直齿圆锥齿轮和曲齿圆锥齿轮,如图 14-11 所示。

(a) 直齿圆锥齿轮

(b) 曲齿圆锥齿轮

图 14-11　圆锥齿轮传动装置的类型

二、圆锥齿轮传动装置的装配和检查

圆锥齿轮传动装置的装配可以参照圆柱齿轮传动装置的装配，其过程基本类似，但由于圆锥齿轮传动本身的特殊性，需注意以下几点：

(1) 圆锥齿轮传动的两轴线在锥顶相交，且有规定的角度，安装时必须严格保证，如图 14-12 所示。

(2) 圆锥齿轮轴线的几何位置一般决定于箱体的加工精度。由于圆锥齿轮作垂直两轴间的传动，因此箱体两垂直轴承座孔的加工精度必须符合规定的技术要求。

(3) 圆锥齿轮的轴向定位以圆锥齿轮的背锥作为基准，装配时使背锥面平齐，以保证两齿轮的正确位置。轴向定位可由轴承座与箱体间的垫片来进行调整。可以通过涂色法检查接触斑点是否偏向齿顶或齿根，从而沿轴线调节和移动齿轮的位置。

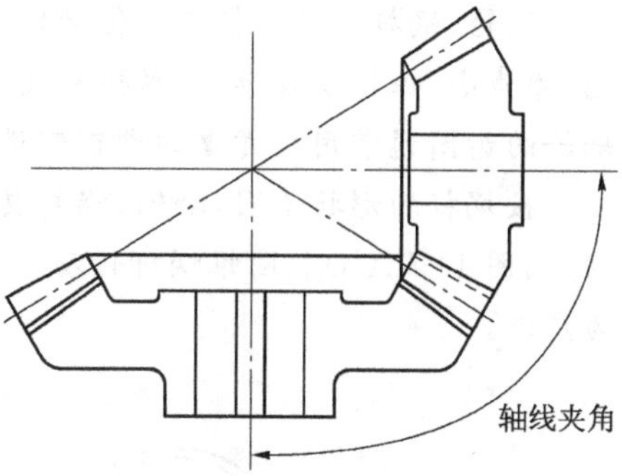

图 14-12　在锥顶相交的两齿轮轴线

(4) 侧隙的检验方法与圆柱齿轮基本相同，只是其侧隙要求另有规定。

(5) 圆锥齿轮的啮合状况也是用涂色法进行检查，在无载荷的情况下轮齿的接触部位应靠近轮齿的小端。另外，齿轮表面的接触面积在齿高和齿宽方向均应不少于 40%，否则就要检查侧隙或夹角是否达到安装要求。

活动 5　拆装蜗轮、蜗杆传动装置

一、认识蜗轮、蜗杆传动装置的功能和结构

如图 14-13 所示的蜗轮、蜗杆传动装置由箱体、蜗轮、蜗杆等零件组成，蜗轮和蜗杆的两轴空间交错，交错角为 90°，故蜗轮、蜗杆传动用于传递两相互垂直轴(不在一个平面内)之间的运动和动力。

图 14-13　蜗轮、蜗杆传动装置

知识点 蜗轮蜗杆传动的特点和类型

蜗轮、蜗杆传动的特点是传动比大(可以达到 100 以上)、结构紧凑、有自锁作用、运动平稳、噪声小,但传动效率低,摩擦和发热量大,故传递的功率较小,一般功率 P 不大于 5 kW。蜗轮的齿圈通常用较贵重的青铜制造,所以成本高。

按蜗杆的形状不同,蜗轮、蜗杆传动可分为圆柱蜗杆传动[见图 14-14(a)]、环面蜗杆传动[见图 14-14(b)]、圆锥蜗杆传动[见图 14-14(c)]等几种类型,其中以圆柱蜗杆传动应用最为广泛。

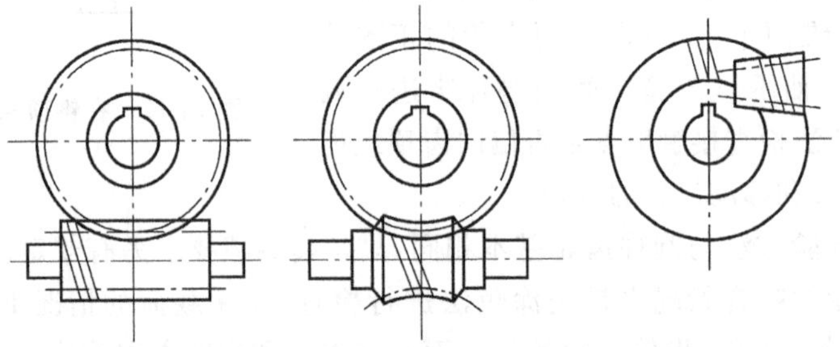

(a) 圆柱蜗杆传动 (b) 环面蜗杆传动 (c) 圆锥蜗杆传动

图 14-14 蜗轮、蜗杆传动的类型

二、蜗轮、蜗杆传动装置的安装与检测

1. 安装要求

(1) 蜗杆的轴线与蜗轮的轴线应相互垂直,蜗杆轴线应在蜗轮轮齿的中间平面内。

(2) 蜗轮与蜗杆的中心距必须符合要求。

(3) 安装后的蜗轮、蜗杆应转动自如,没有卡滞现象。

(4) 安装顺序:蜗轮、蜗杆传动装置安装顺序一般先装蜗轮,后装蜗杆。

2. 安装蜗轮

蜗轮安装到轴上的过程与圆柱齿轮的安装基本相同。

3. 安装蜗杆

蜗杆的轴线位置,一般是由箱体安装孔确定的,蜗杆的轴向位置对装配质量没有影响。

4. 调整

蜗杆轴线应在蜗轮轮齿的中间平面内,如果安装没有达到规定的要求,可以通过改变调整垫片厚度来调整蜗轮的轴向位置。

5. 安装后的啮合质量检查

(1) 检查齿侧间隙:一般蜗杆传动的齿侧间隙大小,可以手动检查,用手转动蜗杆,根据空程量的大小进行判断。要求较高时,可用百分表进行检测。

(2) 检查蜗轮接触斑点：将红丹粉涂在蜗杆螺旋面上，给蜗轮少许阻力，转动蜗杆，根据蜗轮轮齿上的接触斑点情况，判断啮合的质量。正确的情况是接触斑点在啮合面中部略偏向蜗杆旋出方向，如图 14-15(a)所示。如果出现如图 14-15(b)的情况，说明啮合质量不好，可调整蜗轮的轴向位置，使其达到正常接触要求。

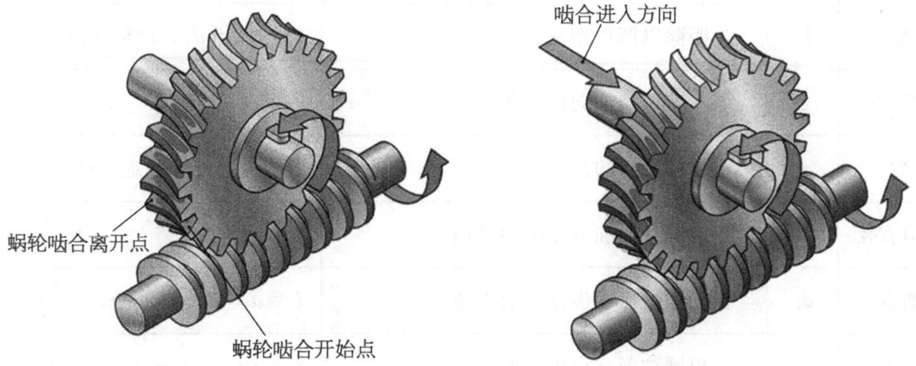

(a) 啮合质量好　　(b) 啮合质量不好

图 14-15　蜗轮、蜗杆传动的接触斑点检查

活动设计

(1) 分组拆装和检测圆柱齿轮传动装置。

(2) 分组拆装圆锥齿轮传动装置。

(3) 分组拆装蜗轮、蜗杆传动装置。

§14.4　考核建议

<table>
<tr><th colspan="4">职业技能考核</th><th colspan="4">职业素养考核</th></tr>
<tr><td rowspan="2">是否完成</td><td colspan="3">完　成　情　况</td><td rowspan="2">安全</td><td rowspan="2">卫生</td><td rowspan="2">合作</td><td rowspan="2">……</td></tr>
<tr><td>要求 1</td><td>要求 2</td><td>……</td></tr>
<tr><td></td><td></td><td></td><td></td><td></td><td></td><td></td><td></td></tr>
<tr><td></td><td></td><td></td><td></td><td></td><td></td><td></td><td></td></tr>
</table>

§14.5　知识拓展

一、标准直齿圆柱齿轮的几何尺寸计算

采用标准模数 m，齿形角 $\alpha=20°$，齿顶高系数 $h_a^*=1$，顶隙系数 $C^*=0.25$，端面齿厚 s 等

于端面齿槽宽 e 的渐开线直齿圆柱齿轮称为标准直齿圆柱齿轮，简称标准直齿轮。

标准直齿圆柱齿轮几何要素的名称、代号、定义和计算公式列于表 14-2。

表 14-2　标准直齿圆柱齿轮几何要素的名称、代号、定义和计算公式

名　称	代号	定　　义	计　算　公　式
模数	m	齿距除以圆周率 π 所得到的商	$m=p/\pi=d/z$，取标准值
齿形角	α	基本齿条的法向压力角	$\alpha=20°$
齿数	z	齿轮的轮齿的总数	由传动比计算确定，一般 z_1 约为 20
分度圆直径	d	分度圆柱面和分度圆的直径	$d=mz$
齿顶圆直径	d_e	齿顶圆柱面和齿顶圆的直径	$d_e=d\div 2h_e=m(z\div 2)$
齿根圆直径	d_f	齿根圆柱面和齿根圆的直径	$d_f=d-2h_f=m(z-2.5)$
基圆直径	d_b	基圆柱面和基圆的直径	$d_b=d\cos\alpha=mz\cos\alpha$
齿距	p	两个相邻而同侧的端面齿廓之间的分度圆弧长	$p=\pi m$
齿厚	s	一个齿的两侧端面齿廓之间的分度圆弧长	$s=p/2=\pi m/2$
槽宽	e	一个齿槽的两侧端面齿廓之间的分度圆弧长	$e=p/2=\pi m/2=s$
齿顶高	h_e	齿顶圆与分度圆之间的径向距离	$h_e=h_a^* m=m$
齿根高	h_f	齿根圆与分度圆之间的径向距离	$h_f=(h_a^*+c^*)m=1.25m$
齿高	h	齿顶圆与齿根圆之间的径向距离	$h=h_e+h_f=2.25m$
齿宽	b	齿轮的有齿部位沿分度圆柱面直母线方向量度的宽度	$b=(6\sim10)m$
中心距	a	齿轮副的两轴线之间的最短距离	$a=d_1/2\div d_2/2=m(z_1+z_2)/2$

二、齿轮传动的传动比

所谓齿轮传动的传动比 i 是指主动齿轮与从动齿轮的转速之比，即：

$$i=\frac{n_1}{n_2}$$

式中 n_1、n_2——主、从动齿轮的转速 r/min。

1. 直齿圆柱齿轮传动的传动比

齿轮传动机构工作时，两齿轮线速度相等，即

$$v_1 = v_2$$

而　$v_1 = \frac{\pi d_1 n_1}{60}$　$v_2 = \frac{\pi d_2 n_2}{60}$

得　$\frac{d_1}{d_2} = \frac{n_2}{n_1}$

由此可得　$i = \frac{n_1}{n_2} = \frac{d_2}{d_1}$

式中　d_1、d_2——主、从动齿轮的直径。其中 $d_1 = mz_1$，$d_2 = mz_2$

由此可得 $i = d_2/d_1 = mz_2/mz_1 = z_2/z_1$

可见，直齿圆柱齿轮的传动比即为两齿轮齿数的反比。

2. 圆锥齿轮传动和蜗轮蜗杆的传动比

其推导过程虽然相对直齿圆柱齿轮传动复杂些，但结果是一样的，即传动比 $i = z_2/z_1$，为两轮齿数的反比。

§14.6　想一想、议一议

1. 填空题：

(1) 一对标准直齿圆柱齿轮正确啮合条件为两轮的________和________对应相等。

(2) 顶隙是一对齿轮啮合时，一齿轮齿顶与另一齿轮齿根之间的径向距离，可用 $c=$________计算；其作用是避免传动时轮齿________和________。

(3) 渐开线齿轮分度圆上的________和________的比值，称为模数。模数越大，分度圆直径越________，齿厚越________。模数是齿轮几何尺寸________的基础，也是齿轮________能力的标志。在我国模数已经________化了。

2. 选择题：

(1) 当齿轮的模数增大一倍时，其分度圆齿厚________。

A. 不变　　B. 随之增大一倍　　C. 减小 50%

(2) 一对斜齿轮传动中的两个齿轮的螺旋线方向________。

A. 一定相同　　B. 一定相反　　C. 不好确定。

(3) 圆锥齿轮传动用来传递两________轴间的运动和动力。

A. 平行　　B. 相交　　C. 交错

3. 拓展题：

已知一对直齿圆柱齿轮传动的中心距 $a = 250$ mm，小齿轮的齿数 $z_1 = 10$，模数 $m = 5$ mm，转速 $n_1 = 1\,440$ r/min，试求大齿轮的齿数 z_2 和转速 n_2。

项目十五　联轴器拆装

§15.1　能力目标

一、知识要求

（1）知道联轴器的类型、结构和组成。
（2）能进行安全文明操作。

二、技能要求

（1）能进行联轴器的拆卸。
（2）能正确进行联轴器的安装。
（3）能进行安装中与安装后的精度检测(如同轴度)。

§15.2　材料、工具及设备

联轴器、拆装工具、百分表、清洗和润滑的工具等。

§15.3　学习内容

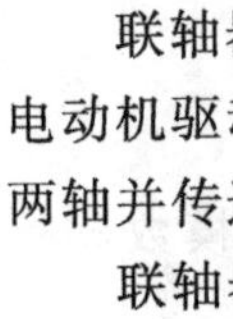

活动1　认识联轴器

一、联轴器的功能

联轴器主要用于联结主动轴和从动轴(见图15-1)，离心泵通过电动机的驱动来工作，在电动机驱动轴和离心泵从动轴之间的联结靠的是联轴器。由此可见，联轴器的作用是联结两轴并传递转动和转矩。

联轴器的用途非常广泛，种类也很多，图15-2所示为各种常见联轴器。

二、联轴器的组成、类型

联轴器有两个联轴盘，先分别与驱动轴和被驱动轴联结，然后两个联轴盘再联结在一起。由于两联轴盘联结方式和结构不同，联轴器的类型有很多种，均应用于不同的场合。

图 15-1　联轴器外形

图 15-2　各种常见联轴器

常用联轴器分为刚性联轴器和挠性联轴器两大类。

1. 刚性联轴器

刚性联轴器使两轴刚性地联结在一起，传递载荷时不能缓冲和吸收振动，对中性要求高。主要有凸缘联轴器、套筒式联轴器、夹壳式联轴器等，其中最常用的是凸缘联轴器。

(1) 凸缘联轴器：它由两个半联轴器所组成，分别用键与轴联结，并用螺栓联成一体，如图 15-3 所示。两半联轴器的对中有两种形式，图 15-3(a)所示的是用两半联轴器的凸肩和凹孔相互配合来保证两轴同心；图 15-3(b)所示的是靠铰制孔用螺栓连接来实现两轴同心。凸缘联轴器结构简单、成本低，能传递较大转矩，但其两轴的对中性要求较高。适用于低速、大转矩、载荷平稳、轴短而刚性大的场合。

(2) 套筒式联轴器：用套筒套住两轴的轴端，轴与套筒用销或键联结，如图 15-4 所示。套筒式联轴器尺寸小、结构简单、成本低。常用于低速、载荷平稳、传递转矩较小的场合。

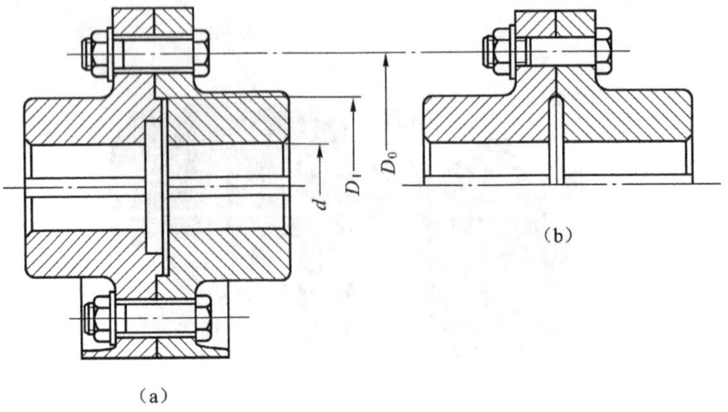

图 15-3　凸缘联轴器

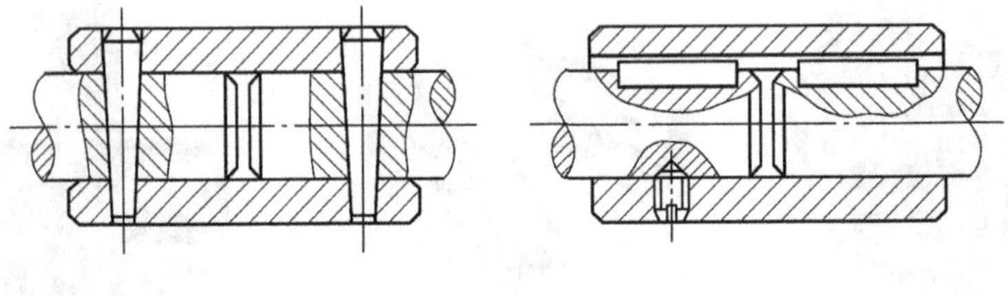

图 15-4　套筒式联轴器

2. 挠性联轴器

由于制造安装误差、承载后的变形、温度变化以及外力作用产生变形等原因，联轴器联结的两轴轴线会产生如图 15-5 所示的轴向、径向、角向位移或综合位移。为使两轴位移所产生的影响尽可能减少，可采用挠性联轴器。

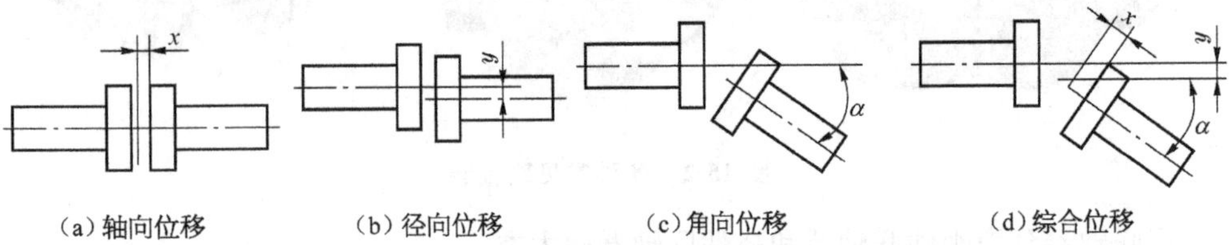

图 15-5　两轴轴线的相对位移

挠性联轴器可分为无弹性元件的挠性联轴器和有弹性元件的挠性联轴器两大类。

(1) 无弹性元件的挠性联轴器：它是利用本身结构的相对位移量来补偿两轴的对中误差。常用的有十字滑块联轴器、万向联轴器、齿轮联轴器等。

① 十字滑块联轴器：它由一个两面都有凸肩的圆盘和两个端面开有凹槽的半联轴器所组成，如图 15-6 所示。两个半联轴器用键或过盈配合与轴联结，半联轴器上的凹槽与圆盘的凸肩采用动配合联结，使轴联成一体。十字滑块联轴器结构简单、尺寸小，因凸肩可在凹槽中滑动，故可补偿综合位移，但其不耐冲击，易磨损。适用于低速、轴的刚性较大，且无剧烈冲击的场合。

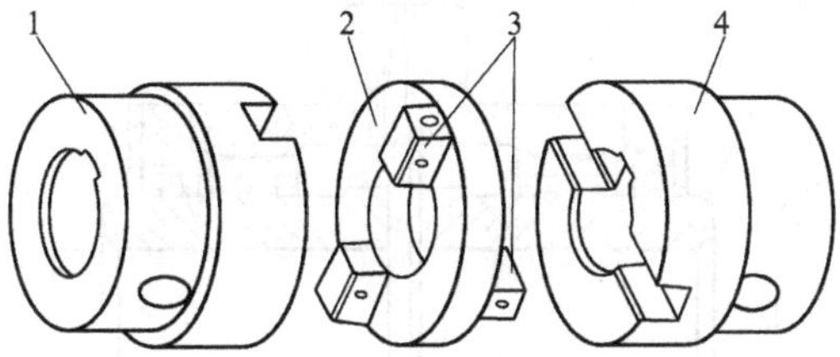

图 15-6　十字滑块联轴器

1、4—半联轴器；2—圆盘；3—凸肩

② 万向联轴器：它由两个叉形接头和十字销组成，叉形接头和十字销是铰接，如图 15-7 所示。万向联轴器结构紧凑、维护方便，能补偿较大的综合位移，且传递转矩较大。常成对应用于汽车、拖拉机及金属切削机床等的传动装置中。

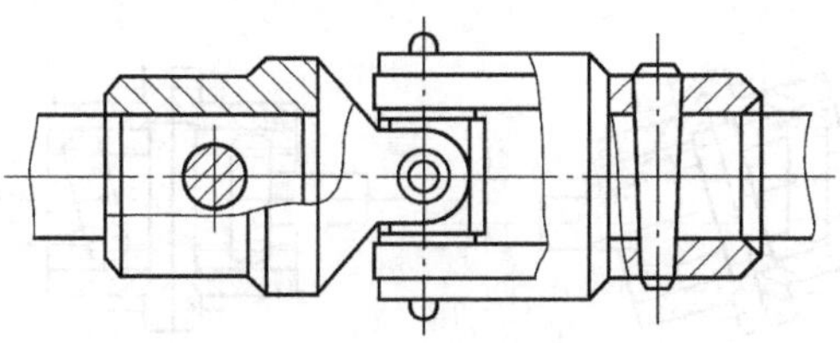

图 15-7　万 向 联 轴 器

③ 齿轮联轴器：它由两个具有外齿的半联轴器和两个具有内齿的外壳所组成，内外齿数相等，两个外壳的内齿套在半联轴器的外齿上，两外壳用螺栓联结，轴与联轴器用键联结，如图 15-8(a)所示。外齿齿顶制成球面，而且内、外齿间具有较大的齿侧间隙，因此允许两轴间有较大的综合位移，如图 15-8(b)所示。齿轮联轴器能传递很大的转矩和补偿较大的综合位移，但其较笨重，制造困难，成本高。适用于高速、重载，在重型机械中得到广泛应用。

(2) 有弹性元件的挠性联轴器：它是靠弹性元件的弹性变形来补偿两轴的相对位移，而且可以缓冲减振。常用的有弹性套柱销联轴器、弹性柱销联轴器等。

① 弹性套柱销联轴器：其结构与凸缘联轴器相似，只是用带有橡胶弹性套的柱销代替了联结螺栓，轴与联轴器用键联结，如图 15-9 所示。它是利用联轴器中的弹性套的变形来补偿两轴间的相对位移、缓冲和吸振。弹性套柱销联轴器制造容易，装拆方便，成本较低，但其弹性套易磨损，寿命较短，工作温度范围在橡胶适应的范围，不能与对橡胶有害的介质接触。适用于起动频繁和载荷变化较大的场合。

② 弹性柱销联轴器：与弹性套柱销联轴器结构相似，弹性柱销直接用尼龙材料制成，为防止运转时弹性柱销滑出，在其两端用挡板挡住，挡板固定在两个半联轴器上，轴与联轴器用键联结，如图 15-10 所示。弹性柱销联轴器结构简单，制造、安装、维护、拆换都很方便，而且性能稳定，耐磨性好，寿命长。尼龙本身具有一定的弹性，能缓冲和吸振。但尼龙对温度较为敏感，不宜在温度较高或较低的场合下使用。主要用于起动频繁、允许被联结两轴有少量综合位移、承载较大的场合。

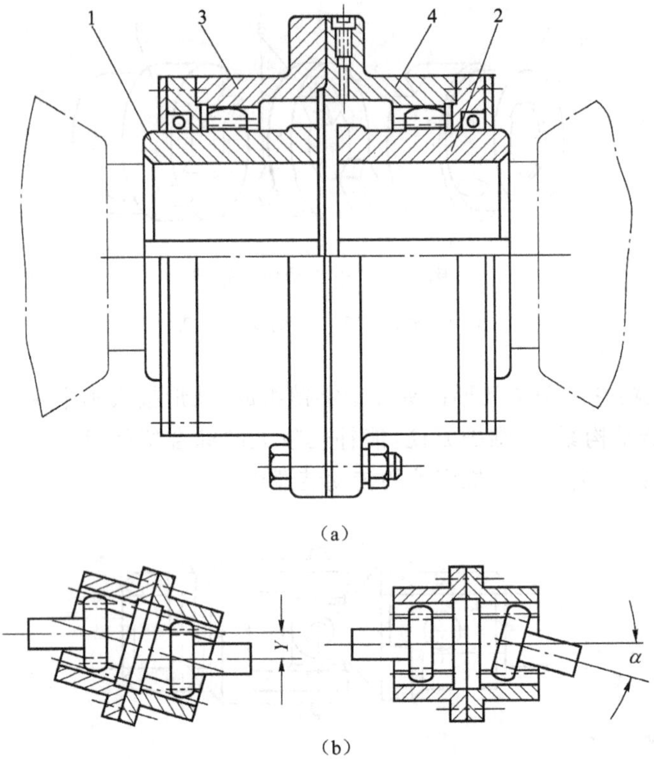

图 15-8　齿轮联轴器

1、2—半联轴器；3、4—外壳

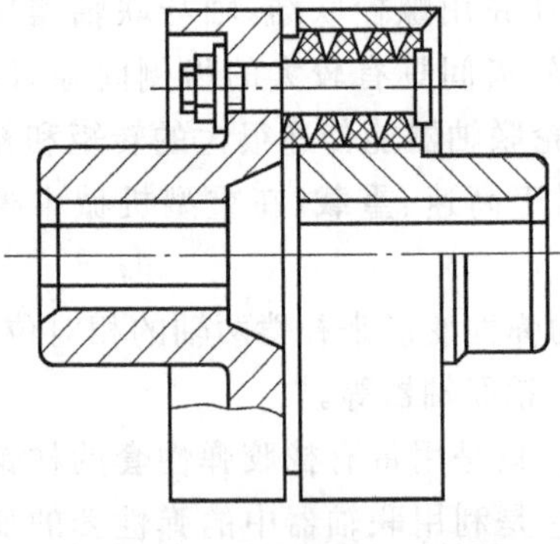

图 15-9　弹性套柱销联轴器

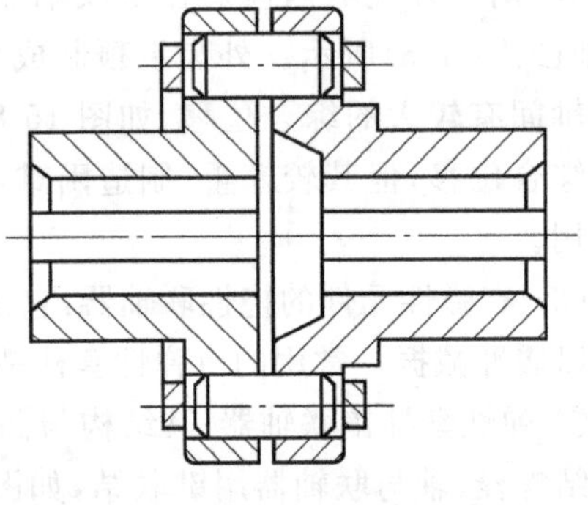

图 15-10　弹性柱销联轴器

活动 2　联轴器的拆卸和安装

一、联轴器的拆卸

通常由于设备故障或联轴器自身需要维修而需对联轴器进行拆卸，即把联轴器拆卸成零部件。拆卸的程度一般根据检修要求而定，有的只是要求把联结的两轴脱开，有的不仅要把联轴器全部分解，还要把轮毂从轴上取下来。联轴器的种类很多，结构各不相同，联轴器的拆卸过程也不一样，在此主要介绍联轴器拆卸工作中需要注意的一些问题。

（1）由于联轴器本身的故障而需要拆卸，先要对联轴器整体进行认真细致的检查，应查明故障的原因。

（2）在联轴器拆卸前，要对联轴器各零部件之间互相配合的位置作一些记号，以作复装时的参考。对于高转速机器的联轴器，其联结螺栓是经过称重的，必须标记清楚，不能搞错。

（3）拆卸联轴器时一般先拆联结螺栓。联结螺栓的拆卸必须选择合适的工具，使工具工作面与螺栓的外六角或内六角的受力面不容易打滑，以免损坏。对于已经锈蚀的或油垢比较多的螺栓，可用溶剂喷涂螺栓与螺母的联结处，使污垢溶化，方便拆卸。也可考虑用冲击法，将板手卡在螺母上，用手锤敲打板手，震松铁锈和污垢，以便容易拆卸。如果还不能把螺栓拆卸下来，还可采用加热法，加热温度一般控制在200℃以下，通过加热使螺母与螺栓之间的间隙加大，锈蚀物松动掉下，使螺栓容易拆卸。若用上述办法都不行，只有破坏螺栓，把螺栓切掉或钻掉，在装配时，更换新的螺栓。新的螺栓必须与原使用的螺栓规格一致，对于高转速设备联轴器新更换的螺栓，还必须称重，使新螺栓与同一组法兰上的联结螺栓重量一样。

（4）在联轴器拆卸过程中，较难的工作是从轴上拆下轮毂。对于键联结的轮毂，一般用三脚拉马或四脚拉马进行拆卸。选用的拉马应该与轮毂的外形尺寸相匹配，拉马各脚的直角挂钩与轮毂后侧面的结合要合适，在用力时才不会产生滑脱现象。这种方法仅用于过盈较小的轮毂的拆卸。对于过盈较大的轮毂，可采用加热法，或者同时配合液压千斤顶进行拆卸。

（5）拆卸后对联轴器的全部零件进行清洗、清理及质量评定，是联轴器拆卸后的一项极为重要的工作。用柴油把零部件清洗干净，清洗后的零部件用压缩空气吹干。若在短时间内准备运行的联轴器，在干燥后的零部件表面涂些透平油或机油，防止生锈。对于需要过较长时间才使用的联轴器，应涂以防锈油保养。对零部件的质量评定是指每个零部件在运转后，其尺寸、形状和材料性质的现有状况与零部件设计确定的质量标准进行比较，判定哪一些零部件能继续使用，哪一些零部件应修复后使用，哪一些属于应该报废更新的零部件。

二、联轴器的装配

在联轴器装配中，首先要根据图纸要求，了解轮毂在轴上的装配关系、联轴器所联结两轴的对中要求等，并且在安装前先对零部件进行检查，然后才开始联轴器的装配。联轴器的结构形式很多，使用的场合也不一样，但联轴器的正确安装能改善设备的运行情况，减少设备的振动，延长联轴器的使用寿命。对于不同结构形式的联轴器，具体装配的要求、方法都不一样，安装的一些要点如下：

（1）测量两被联结轴的轴心线到各自安装平面间的距离，以便后面的组件选取。

（2）将两个半联轴器通过键分别安装在对应的轴上。

（3）将其中一轴所装的组件（可选取大而重，轴心线距离安装基准较远的，一般是选取主机）先固定在基准平面上。

(4) 通过调整垫铁使两半联轴器的轴心线高低保持一致，其精度必须进行检测，以达到规定要求，检测的方法见后。

(5) 以固定的轴组件为基准，利用刀口直尺或塞尺，校正另一被联结的半联轴器，使两个半联轴器在水平面上中心一致，必要时也可用百分表进行校正。

(6) 均匀联结两个半联轴器，依次均匀地旋紧联结螺钉。

(7) 检查两个半联轴器的联结平面是否有间隙，可用塞尺对四周进行检查，要求塞尺不能塞进接合面中。

(8) 逐步均匀旋紧轴组件安装螺钉，并同时检查两轴的转动松紧是否一致，不能出现卡滞现象，否则需重新调整。

注意

(1) 刚性联轴器装配时，对两轴的同轴度要求严格；挠性联轴器同轴度虽然没有刚性联轴器要求高，但也必须达到所规定的技术要求。

(2) 对于无弹性元件的挠性联轴器，在装配完后应检查联轴器的刚性可移件能否进行少量的移动，有无卡涩的现象。例如，十字滑块联轴器的中间圆盘(图 15-6 中的件号 2)在安装后，应能在两个半联轴器(图 15-6 中的件号 1、4)之间自由滑动。

(3) 对有弹性元件的挠性联轴器，两个半联轴器的柱销插入孔及柱销固定孔，应均匀分布，同轴度好，以保证联结启动后各柱销的受力均匀。

(4) 对于应用在高速旋转机械上的联轴器，一般在制造厂都做过动平衡试验，试验合格后画上各部件之间互相配合方位的标记。在装配时必须按制造厂给定的标记进行组装。如果是运行的联轴器，拆前应做好标记。如果没有标记任意组装，很可能发生由于联轴器的动平衡不好而引起机组振动的现象。

(5) 高速联轴器法兰盘上的联结螺栓是经过称重的，使每一联轴器上的联结螺栓重量基本一致。如大型离心式压缩机上用的齿式联轴器，其所用的联结螺栓各自重量相差小于 0.05 g。因此各联轴器之间的螺栓不能任意互换，如果要更换联轴器联结螺栓中的某一个，必须使它的重量与原有的联结螺栓重量一致。此外，在拧紧联轴器的联结螺栓时，应对称、逐步拧紧，使每一联结螺栓上的锁紧力基本一致，不至于因为各螺栓受力不均而使联轴器在装配后产生歪斜现象，有条件的可采用力矩扳手。

(6) 各种联轴器在装配后，均应盘车，看看转动情况是否良好。

活动 3　联轴器的安装精度检测

由于两轴存在安装误差，必然出现两轴线不同轴的情况，轴系旋转时就会出现因两轴不对中而产生的强迫振动，加剧支承轴承的磨损。因此，安装联轴器的关键问题是保证两根转轴的同轴度误差。联轴器的安装精度检测主要就是检测两轴的同轴度。

不同形式的联轴器，同轴度的允差值也不相同。对于一般机械设备上所使用的联轴器，安装对中的要求如下表所示。

联轴器安装对中允差值(mm)表

联轴器联结类型	允许误差	
	径向圆跳动	端面圆跳动量
	最大值 a	最大值 b
挠性与挠性	0.06	0.05
刚性与挠性	0.05	0.04
刚性与刚性	0.04	0.03
齿轮式	0.10	0.05
弹簧式	0.08	0.06

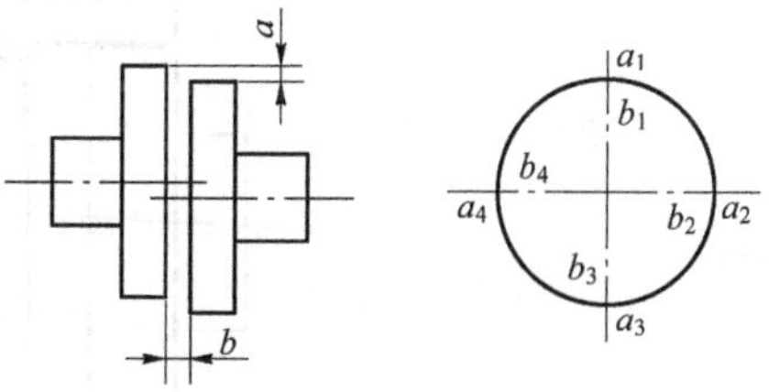

1. 同时旋转两半联轴器
2. 两根转轴不作轴向窜动

根据精度要求的不同，检测方法有如下多种：

1. 百分表检测法

安装联轴器时，可以作一个简单的工装，用百分表进行测量找正，如图 15-11 所示。测量找正时，可按以下步骤进行：

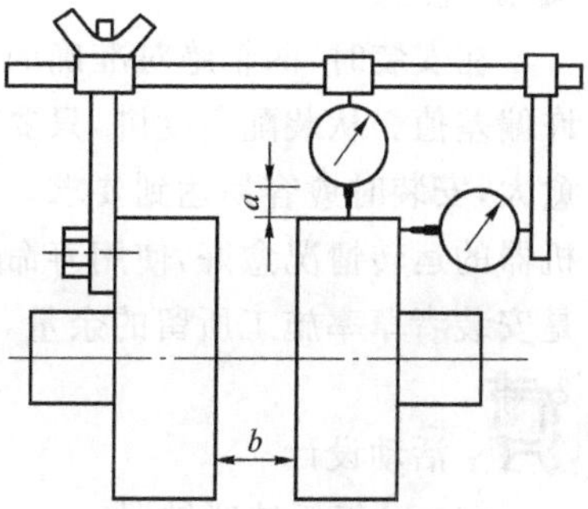

图 15-11　百分表检测法

(1) 用螺栓将测量工具架固定在主机轴(已经先固定在基准平面上的轴组)的半联轴器上。

(2) 在未联结成一体的两半联轴外圈，沿轴向划一直线，做上记号。

(3) 用径向百分表和端面百分表分别对好位置，径向百分表对准另一半联轴器外圆记号处，端面百分表对准其侧面记号处。

(4) 将两半联轴器记号处于垂直或水平位置作为零位。

(5) 依次同时转动两根转轴，回转 0°、90°、180°、270°，并始终保证两半联轴器记号对准。分别记下两个百分表在相应四个位置上指针相对零位处的变化值。这就是径向圆跳动量 a_1、a_2、a_3、a_4 和端面圆跳动量 b_1、b_2、b_3、b_4。

(6) 根据这些值的情况就可判断两轴的不对中情况，并进行调整两轴的相对位置，直至满足要求。

测量数据是否准确，可以用 $a_1+a_3=a_2+a_4$，$b_1+b_3=b_2+b_4$ 等式是否成立来进行判定。若等式两边的差值大于 0.02 mm，则说明测量工具安装的紧固性、工具架的刚性或者百分表出现了问题。应查找原因消除故障后再进行测量。

在实际测量中，因位置所限使下方数值 a_3、b_3 无法直接测量时，则可用下式求得：

$$a_3=(a_2+a_4)-a_1;\quad b_3=(b_2+b_4)-b_1。$$

2. 简单方法的检测

用角尺和塞尺测量联轴器外圆的径向偏差，然后用塞尺测量两半联轴器端面间的轴向间隙偏差，如图 15-12 所示。

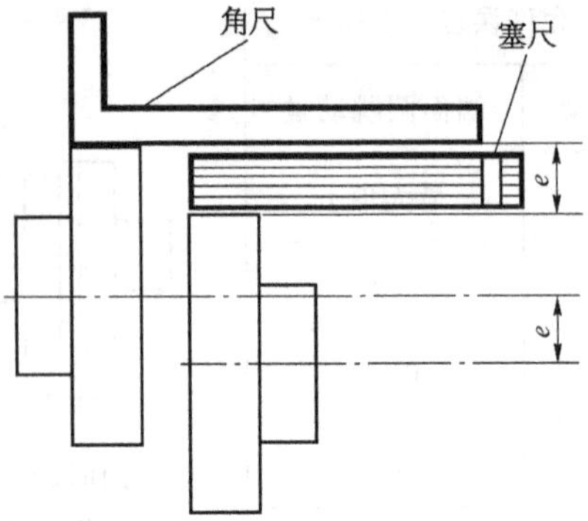

图 15-12　塞尺测量法

其测量位置与百分表测量法同，但要掌握好塞尺塞入的松紧程度。这种方法操作简单，但精度不高，误差较大。只适用于机器转速较低、对中要求不高的联轴器的安装测量。

注意

在安装时，两轴绝对准确的对中是难以达到的。因此，在设计时规定两轴中心有一个允许偏差值。从装配角度讲，只要能保证联轴器安全可靠地传递扭矩，两轴中心允许的偏差值愈大，安装时愈容易达到要求。但是从安装质量角度讲，两轴中心线偏差愈小，对中愈精确，机器的运转情况愈好，使用寿命愈长。所以，不能把联轴器安装时两轴对中的允许偏差看成是安装者草率施工所留的余量，一定要保证安装质量。

活动设计

(1) 分组拆装联轴器。
(2) 检测联轴器两轴不对中的情况并进行调整。
(3) 小组讨论。

§15.4　考核建议

职业技能考核				职业素养考核			
是否完成	完成情况			安全	卫生	合作	……
	要求 1	要求 2	……				

§15.5 知识拓展

轮毂在轴上的装配方法

轮毂在轴上的装配是联轴器安装的关键之一。轮毂与轴的配合大多为过盈配合，联结分为有键联结和无键联结，轮毂的轴孔又分为圆柱形轴孔与锥形轴孔两种形式。装配方法有静力压入法、动力压入法、温差装配法等。

1. 静力压入法

它指用千斤顶、手动或机动的压力机进行轮毂与轴的装配，静力压入法一般根据配合过盈量确定施加压力的大小，它施加压力均匀，对轮毂表面不会损伤，但受压力机、轴尺寸的条件限制。若条件允许，特别适用于批量装配。另一方面，对于较大过盈量的装配，压力机难以施加很大的压力完成。同时，在压入过程中会切去轮毂与轴之间配合面上不平的微小凸峰，使配合面受到损坏。因此，这种方法仅用于过盈量不大的轮毂与轴的装配。

2. 动力压入法

它指采用冲击工具或机械来完成轮毂向轴上的装配过程，一般用于轮毂与轴之间的配合为过渡配合或过盈不大的场合。动力压入法是一种比较简易的装配方法，最常用的是用手锤敲打进行装配，也就是在轮毂的端面上垫放木块或铅块等软材料作缓冲件，依靠手锤的冲击力，把轮毂敲入。但这种方法对用铸铁、淬过火的钢、铸造合金等脆性材料制造的轮毂，有局部损伤的危险，不宜采用。这种方法同样会损伤配合表面，故常用于低速和小型联轴器的装配。

3. 温差装配法

它用加热的方法使轮毂受热膨胀或用冷却的方法使轴端受冷收缩，从而使轮毂轴孔的内径略大于轴端直径，不需要施加很大的力，就能较容易地把轮毂套装到轴上。这种方法比静力压入法、动力压入法有更多的优点，常用于过盈量较大的轮毂与轴的装配。特别是对于用脆性材料制造的轮毂，采用温差装配法是十分合适的。

温差装配法大多采用加热的方法，冷却的方法比较少用。加热的方法有多种，有的将轮毂放入高闪点的油中进行油浴加热或焊枪烘烤，也有的用烤炉来加热。现场装配多采用油浴加热和焊枪烘烤。对于轮毂所需的加热温度，一般根据轮毂与轴配合的过盈量及轮毂加热后向轴上套装时的要求确定。

§15.6 想一想、议一议

1. 选择题：

（1）套筒联轴器属于________、万向联轴器属于________、齿轮联轴器属于________、弹性柱销联轴器属于________。

A. 刚性联轴器　　B. 无弹性元件挠性联轴器　　C. 有弹性元件挠性联轴器

（2）下列联轴器中，适用于高速的联轴器是________；应用于低速的联轴器是________；适用于载荷有振动的联轴器是________；适用于较大载荷的联轴器是________；用于载荷平稳的联轴器是________；用于较小载荷的联轴器是________；用于载荷变化较大的联轴器是

________；用于起动频繁的联轴器是________；能补偿较大综合位移的联轴器是________。

A. 凸缘联轴器　B. 套筒式联轴器　C. 夹壳式联轴器　D. 十字滑块联轴器

E. 万向联轴器　F. 齿轮联轴器　G. 弹性套柱销联轴器　H. 弹性柱销联轴器

2. 问答题：

(1) 为何高速联轴器法兰盘上的联结螺栓要经过称重？

(2) 联轴器的功用是什么？

(3) 联轴器安装时，温差装配法和动力装配法分别应用在什么场合？

项目十六　轴系零部件的拆装

§16.1　能力目标

一、知识要求

(1) 知道轴的类型、功能、结构。
(2) 知道轴上零件的周向固定方式。
(3) 知道轴上零件的轴向固定方式。
(4) 知道轴端的密封方式。
(5) 能进行安全文明操作。

二、技能要求

(1) 能正确拆卸轴系零部件。
(2) 能正确清洗轴系零部件并进行防锈处理。
(3) 能对主轴轴承进行安装后的径向跳动检测。

§16.2　材料、工具及设备

车床、拆装工具、百分表、软铅丝、红丹粉、清洗和润滑的工具等。

§16.3　学习内容

活动 1　了解轴系零件的功能、类型、结构

一、认识轴的功能和类型

打开车床的车头箱盖，可以看到里面有很多齿轮，且都装在轴上。通过盘车，可以发现运动和动力的传递是由于齿轮间的相互啮合作用，通过轮系传动把车床主轴运动传给工件，主轴转动并输出转动和转矩进行工件的加工，如图 16-1 所示。

拆卸车床主轴和轴上零件，观察主轴的结构形状，并了解轴的各部分名称。

图 16-1　车床主要传动装置

1. 轴的功能

在转动和转矩的任何传递过程中，均离不开轴。由此可见，轴不仅支承联轴器、带轮、齿轮等轴上零件，并传递转动和转矩。

2. 轴的类型

轴根据其轴线形状不同分为直轴（如车床各传动装置的轴）和曲轴（如活塞式压缩机的主轴）两类，如图 16-2、图 16-3 所示，直轴又可分为光轴与阶梯轴。

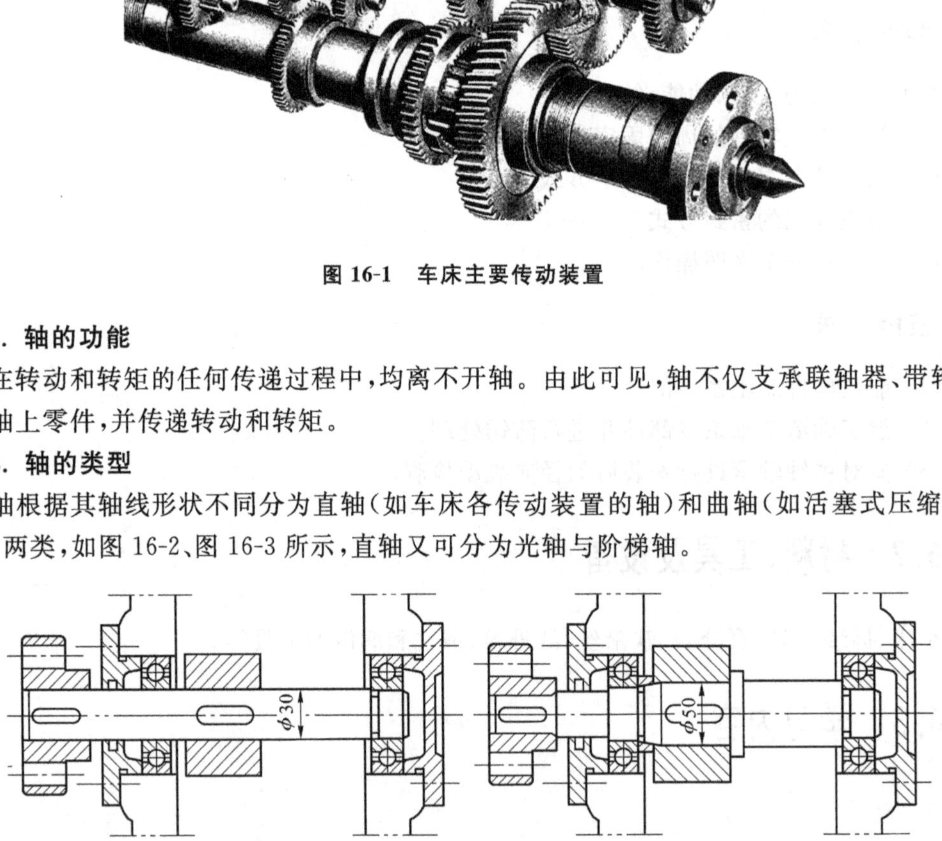

(a) 光轴　　(b) 阶梯轴

图 16-2　光轴与阶梯轴

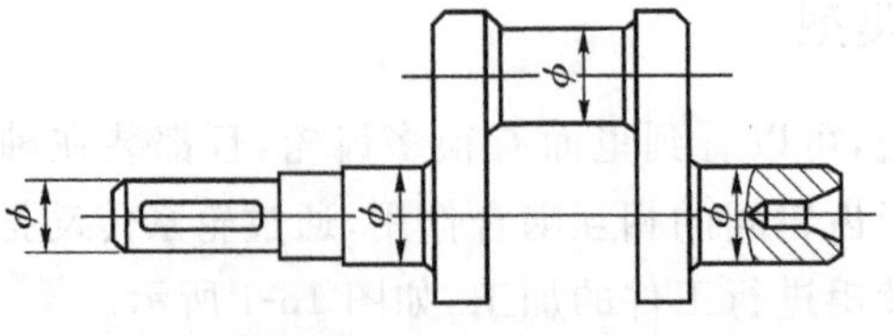

图 16-3　曲　　轴

图 16-2(a)所示为直径没有变化的光轴，结构简单，加工容易，但不利于轴上零件的轴向定位。图 16-2(b)所示为直径有变化的阶梯轴，与光轴比较虽然结构较为复杂，但其不仅能对轴上零件作轴向定位，而且还便于轴上零件的安装和拆卸。另外，在阶梯轴直径的选择上，可以考虑在应力大的位置处选择大直径，应力小的位置选择小直径，使轴符合等强度原则，从而节约材料，减轻重量。因此，在一般机械中，应用最多的是阶梯轴。

二、阶梯轴的组成和结构

为了便于安装和拆卸，以及承载的需要，大多数阶梯轴为中间大、两端小的结构形式，如图 16-4 所示。

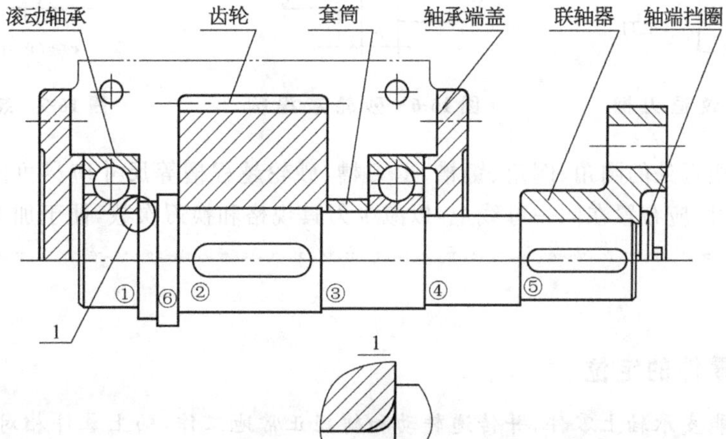

图 16-4　阶梯轴的结构形状

1. 阶梯轴的组成

阶梯轴主要由轴头、轴颈和轴身组成，如图 16-4 所示。

(1) 轴头：与齿轮、联轴器等传动零件配合的轴段，如图 16-4 中②、⑤段。

(2) 轴颈：与轴承配合的轴段，如图 16-4 中的①、③段。

(3) 轴身：联结轴头与轴颈的轴段，如图 16-4 中的④段。

2. 阶梯轴的结构

(1) 轴肩：轴直径变化所形成的台阶，如图 16-4 中的 1 处。轴肩又分为定位轴肩和非定位轴肩。

(2) 轴环：两轴肩之间距离很小，且呈环状的轴段，如图 16-4 中⑥段。轴环一般用作轴向定位。

(3) 过渡圆角：在轴截面尺寸发生急剧变化的地方，设置过渡圆角，如图 16-4 中放大图所示。过渡圆角可减缓轴截面尺寸的变化，降低应力集中，提高轴的疲劳强度。

(4) 倒角：为了便于装配零件并去毛刺，轴端制出 45°的倒角，如图 16-4 中轴的两端。

(5) 中心孔：轴的两端常设有中心孔以保证加工时各轴段的同轴度和尺寸精度。

(6) 退刀槽：在车制螺纹的轴段上应有螺纹退刀槽，以便于加工，如图 16-5 所示，一般螺纹退刀槽宽度 $b \geqslant P$(P 为螺距)。

(7) 越程槽:在磨削的轴段应留出砂轮越程槽,以便于加工,如图 16-6 所示,砂轮越程槽的宽度 $b=2\sim4$ mm,深度 $a=0.5\sim1$ mm。

(8) 装配锥度:有较大过盈配合处的压入端应采用锥形结构,以使零件能顺利地压入,如图 16-7 所示。

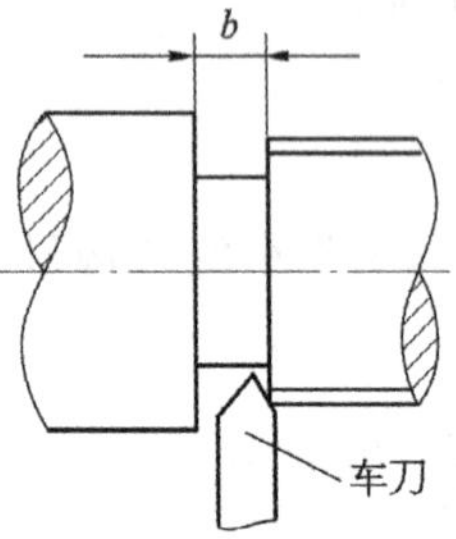

图 16-5 螺纹退刀槽

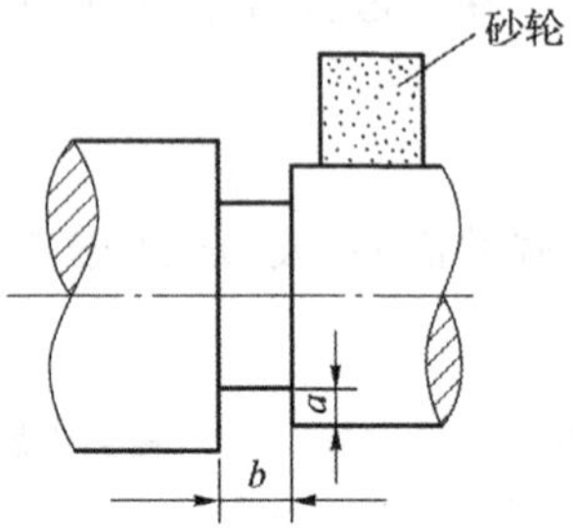

图 16-6 砂轮越程槽

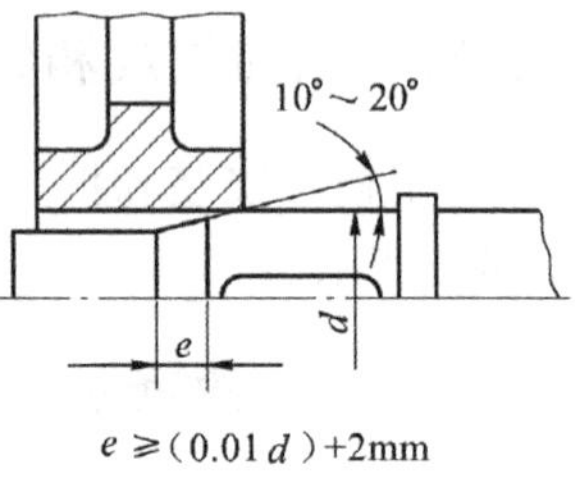

图 16-7 装配锥度

轴上直径相近处的圆角、倒角、键槽、退刀槽、砂轮越程槽等尺寸应尽可能一致,当轴上开有多个键槽时,应布置在同一母线上,以减少刀具规格和换刀次数,便于加工。

知识点 轴上零件的定位

为确保轴能支承轴上零件,并传递转动和转矩正常地工作,轴上零件相对轴沿轴线方向不能有相对的移动,沿圆周方向不能有相对的转动。因此,轴上零件沿轴向和周向要有对应的定位结构。

1. 轴上零件的轴向定位

轴向定位的目的是限制轴上零件与轴发生相对移动,轴上零件的轴向定位是以轴肩、套筒、圆螺母、轴端挡圈和轴承端盖等来保证的。

(1) 轴肩定位:如图 16-4 所示,利用轴肩定位是最方便可靠的方法,但采用轴肩就必然会使轴的直径加大,而且轴肩处会因为截面突变而引起应力集中。另外,轴肩过多也不利于加工。因此,轴肩定位多用于轴向力较大的场合。

(2) 套筒定位:其结构简单,定位可靠,轴上不需开槽、钻孔和车制螺纹,因而不影响轴的疲劳强度,一般用于轴上两个零件之间的定位。如两零件的间距较大时,不宜采用套筒定位,以免增大套筒的质量及材料用量。因套筒与轴的配合较松,如轴的转速很高时,也不宜采用套筒定位。

(3) 圆螺母定位:可承受大的轴向力,但轴上螺纹处有较大的应力集中,会降低轴的疲劳强度,故一般用于固定轴端的零件,它有双圆螺母如图 16-8(a)和圆螺母与止动垫片如图 16-8(b)两种形式。当轴上两零件间距离较大不宜使用套筒定位时,也常采用圆螺母定位。

(4) 轴端挡圈定位:适用于固定轴端零件,可以承受较大的轴向力。

(5) 轴承端盖定位:轴承端盖用螺钉或榫槽与箱体联结而使滚动轴承的外圈得以轴向定位。在一般情况下,整个轴的轴向定位也常利用轴承端盖来实现。

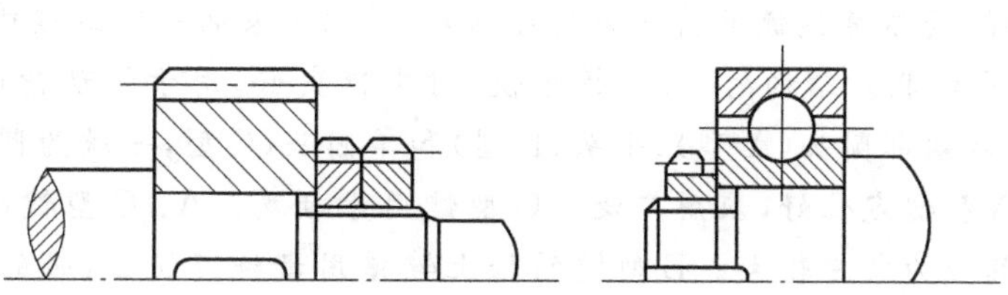

(a) 双圆螺母　　(b) 圆螺母与止动垫片

图 16-8　圆螺母定位

(6) 其他定位结构：利用弹性挡圈(见图 16-9)、紧定螺钉(见图 16-10)及锁紧挡圈(见图 16-11)等进行轴向定位，只适用于零件上的轴向力不大之处。紧定螺钉和锁紧挡圈常用于光轴上零件的定位。此外，对于承受冲击载荷和同心度要求较高的轴端零件，也可采用圆锥面定位(见图 16-12)。

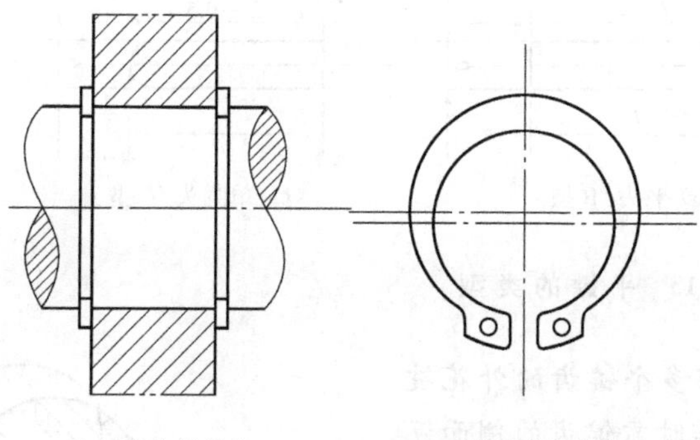

(a) 定位处结构　　(b) 轴用弹性挡圈

图 16-9　弹性挡圈定位

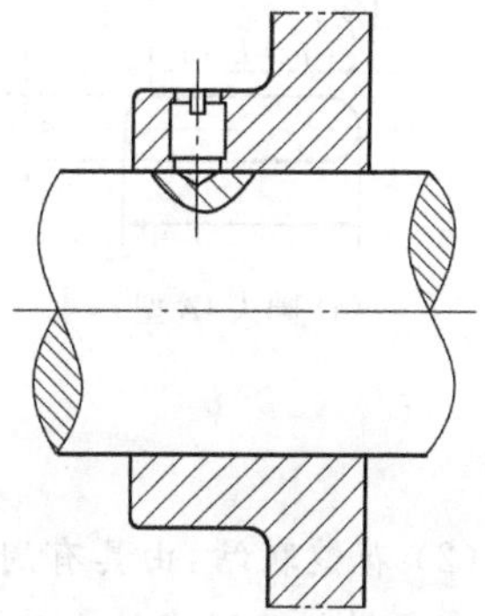

图 16-10　紧定螺钉定位

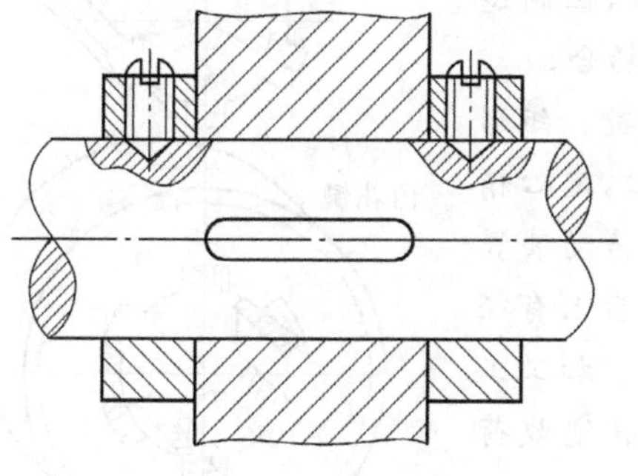

图 16-11　锁紧挡圈定位

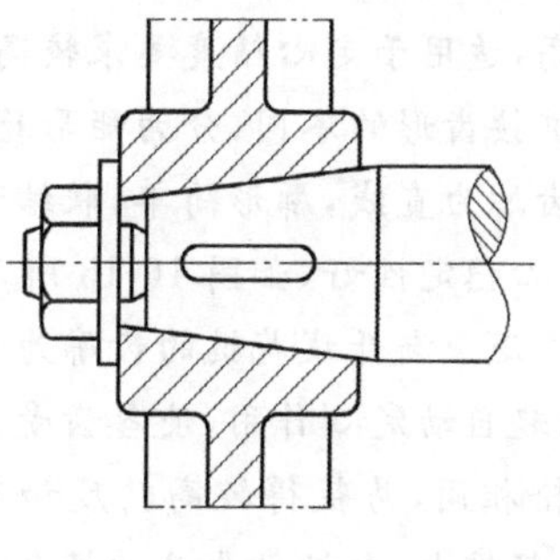

图 16-12　圆锥面定位

2. 轴上零件的周向定位

周向定位的目的是限制轴上零件与轴发生相对转动，并传递转动和转矩。轴上零件与轴的周向定位所形成的联结称为轴毂联结。常用的周向定位一般采用平键、花键、销以及过盈配合等轴毂联结方法。

(1) 平键联结：是依靠键侧面挤压来传递转矩，键的上表面和轮毂键槽间留有间隙，如图 16-13 所示。平键联结结构简单、装拆方便、对中性良好，用于传动精度要求较高的场合。平键主要有两端部圆头（A 型）、平头（B 型）和单圆头（C 型，一端为圆头，另一端为平头）三种形式。A 型键定位好，应用广泛。C 型键用于轴端。A、C 型键的轴上键槽用立铣刀切制，端部的应力集中较大。B 型键的轴上键槽用盘铣刀铣出，轴的应力集中较小，但对尺寸较大的键要用紧定螺钉压紧，以防松动。图 16-13 中 L 为键的长度，l 为键的工作面长度。

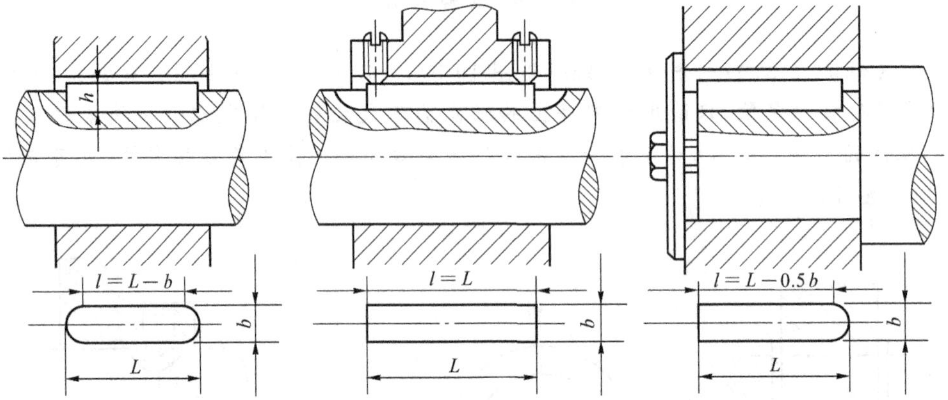

(a) 圆头 (A 型)　　(b) 平头 (B 型)　　(c) 单圆头 (C 型)

图 16-13　平键的类型

(2) 花键联结：由具有周向均匀分布多个键齿的外花键和具有同样数目键齿的内花键组成，工作时靠键齿的侧面互相挤压传递转矩，如图 16-14 所示。花键的键齿数多、键槽较浅，且与轴成一体，故受力均匀，对轴和轮毂的强度削弱小，承载能力高，轴上零件与轴的对中性、导向性好，但制造成本较高，适用于定心精度要求较高和载荷较大的场合。

花键按齿形的不同，分为矩形花键和渐开线花键。矩形花键的齿廓为直线，廓形简单，联结时采用小径定心，定心精度高，定心稳定性好，如图 16-15 所示，在一般机械传动装置中应用广泛。渐开线花键的齿廓为渐开线，受载时齿上有径向力，能起自动定心作用，使各齿受力均匀，强度高。加工工艺与齿轮相同，易获得较高精度和互换性，常用于传递载荷较大、轴径较大、大批量生产的场合。

(3) 销联结：即用于轴毂间或其他零件间的联结，如图 16-16 所示。销联结既可作轴向定位，也可作周向定位，并能传递较小的载荷。

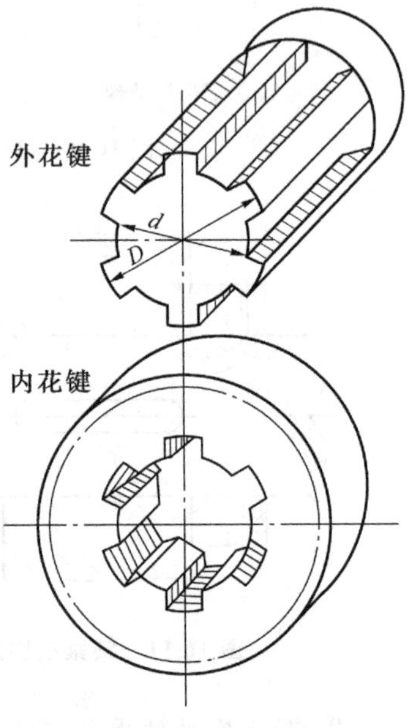

图 16-14　花　　键

销按形状不同可分为圆柱销、圆锥销、异形销（主要起防松作用，不用于传递动力）三类。圆柱销靠过盈与销孔配合，销孔需铰制，多次装拆后会降低定位的精度和联结的紧固。圆锥销具有 1∶50 的锥度，小头直径为标准值，销孔需铰制，安装方便，自锁性能好，定位精度高，可多次装拆而不影响定位精度。

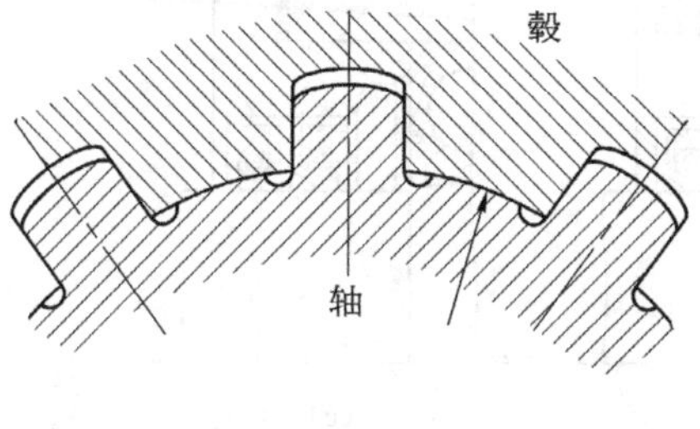

图 16-15　矩形花键

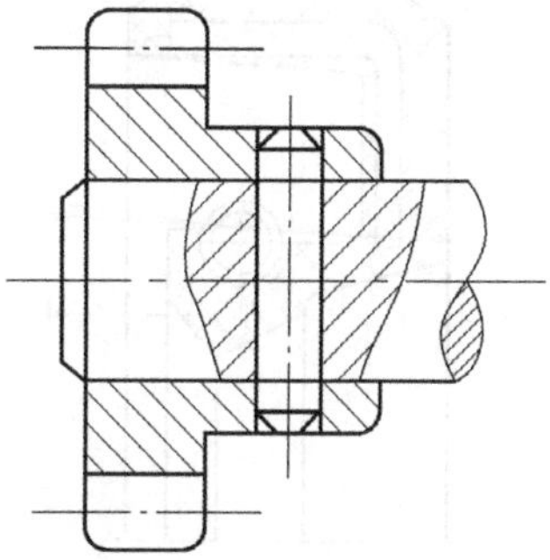

图 16-16　销联结

(4) 过盈配合：它是利用材料的弹性，用压入、温差或液压等方法装配，使轴和毂孔之间相互压紧，从而把两者联结起来。它既能实现周向固定传递转矩，又能实现轴向固定传递轴向力。

过盈联结的配合表面多为圆柱面，为了便于装配，一般在配合轴段的一端制成锥形结构，如图 16-7 所示。过盈联结结构简单、定心性好、承载能力大，受变载荷和冲击载荷的能力好，还可避免轴因铣制键槽而削弱强度。但其配合面要求较高、装拆不便。主要用于受冲击载荷的零件与轴的联结。

三、轴端密封

机器的输入轴或输出轴需要伸出机壳外面，与其他机器的轴联结传递转动和转矩。因此，若要使机器的输入轴或输出轴能自如地运转，机壳与轴间一定存在间隙，对这一间隙的密封称为轴端密封。密封的目的在于阻止润滑剂和工作介质泄漏，防止灰尘、杂物、水分等入侵机器。

轴端密封可分为接触式和非接触式两大类。

1. 接触式密封

(1)毡圈密封：将毡圈装在轴承盖的梯形槽中，并一起套在轴上，毡圈内径略小于轴的直径，利用其弹性变形后对轴表面的压力，封住轴与轴承盖间的间隙，如图 16-17 所示。装配前，毡圈应先放在黏度稍高的油中浸渍饱和。毡圈密封结构简单、易于更换、成本较低，但摩擦较大，易于吸潮而腐蚀轴颈，主要用于脂润滑轴承的密封。

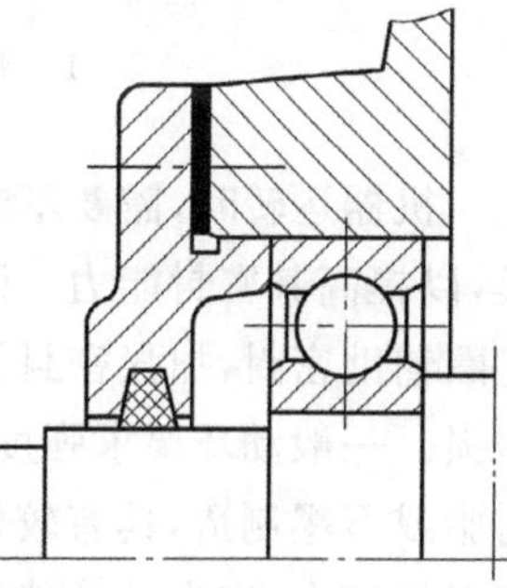

图 16-17　毡圈密封

(2) 唇形密封圈密封：唇形密封圈一般由橡胶圈、金属骨架和弹簧圈等三部分组成。依靠唇部自身的弹性和弹簧的压力压紧在轴上实现密封，如图 16-18(a)所示。唇口对着轴承安装时主要用于防止漏油，如图 16-18(b)所示。唇口反向安装两个密封圈时既可以防止漏油又可以防尘，如图 16-18(c)所示。唇形密封圈密封效果好、易装拆，主要用于轴线速度 $v<$ 20 m/s、工作温度<100℃的油润滑的密封。

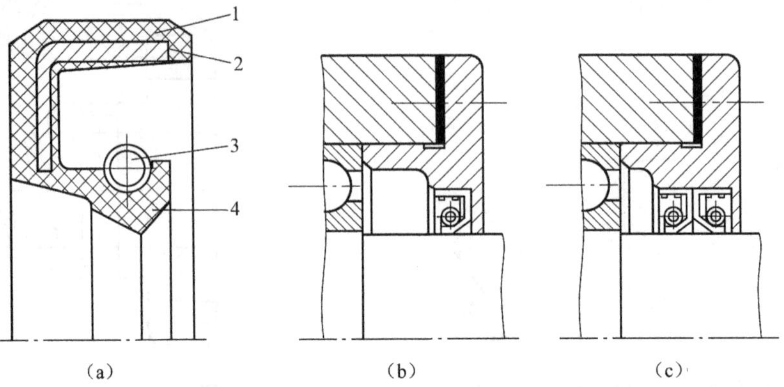

图 16-18　唇形密封圈密封

1—橡胶圈；2—金属骨架；3—弹簧圈；4—唇部

(3) 机械密封：又称端面密封，如图 16-19 所示，动环固定在轴上，随轴转动，静环固定于机座端盖上，在弹簧压力作用下，动环与静环的端面紧密贴合，构成良好密封。

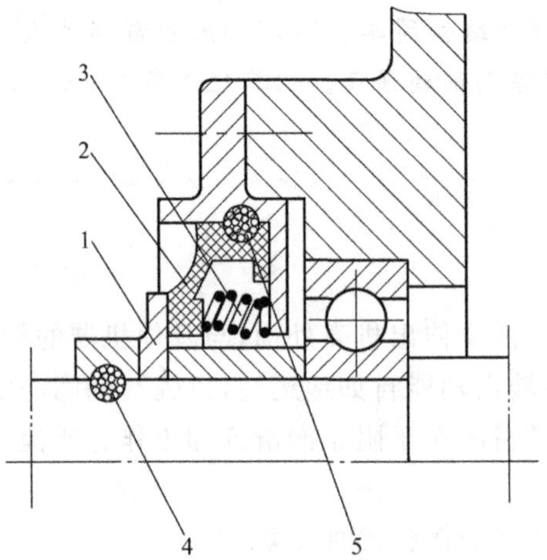

图 16-19　机 械 密 封

1—动环；2—静环；3—弹簧；4—动环密封圈；5—静环密封圈

机器运转时，需要不断地用润滑油冷却和润滑密封面，使在相对旋转的磨擦面间形成油膜，以提高其密封能力。同时，在动环与轴间有动环密封圈，在静环与机座端盖间有静环密封圈辅助密封，加强密封效果。动、静环应采用摩擦系数小的耐磨材料，且一软一硬，以减少磨损。一般动环要求强度好、不易变形，常用铸铁、硬质合金等硬材料。而静环往往用浸渍树脂或石墨制造，具有较好的自润滑性能。动、静环的密封面若有磨损，在弹簧的作用下仍能保持密合，有自动补偿作用，密封性能可靠。

机械密封具有密封性好、摩擦损耗小、对轴不磨损、工作寿命长和使用范围广等优点，可用于高速、高压、高温、低温或强腐蚀条件下的转轴密封。

2. 非接触式密封

(1) 缝隙沟槽密封：结构如图 16-20 所示，间隙 $\delta=0.1\sim0.3$ mm。为了提高密封效果，常在轴承盖孔内车出几个环形槽，并充满润滑脂。它适用于干燥、清洁环境中脂润滑轴承的外密封。

(2) 迷宫式密封：在轴承盖与轴套之间形成曲折的缝隙，构成“迷宫”，在缝隙中充填润滑脂，形成迷宫式密封，如图 16-21 所示。这种密封无论是对油润滑还是对脂润滑，都十分可靠，且转速越高，密封效果越好。

在必要的场合，为提高密封效果，也可考虑采用组合密封方式，如图 16-22 所示，它就是在迷宫式密封的基础上组合了毡圈密封。

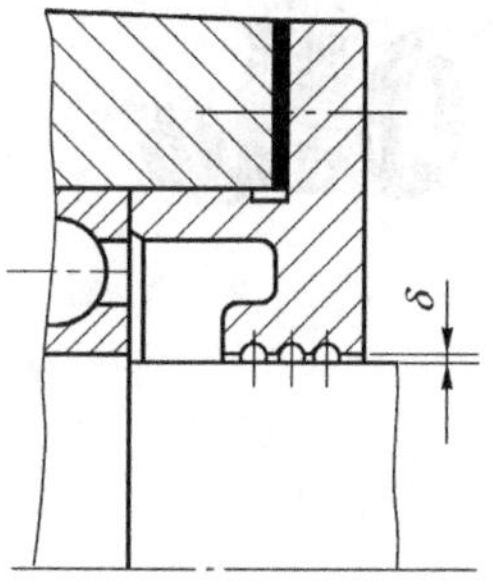

图 16-20　沟 槽 密 封

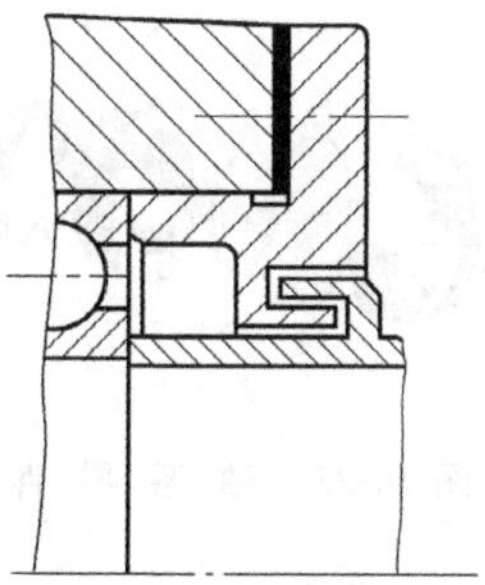

图 16-21　迷 宫 式 密 封

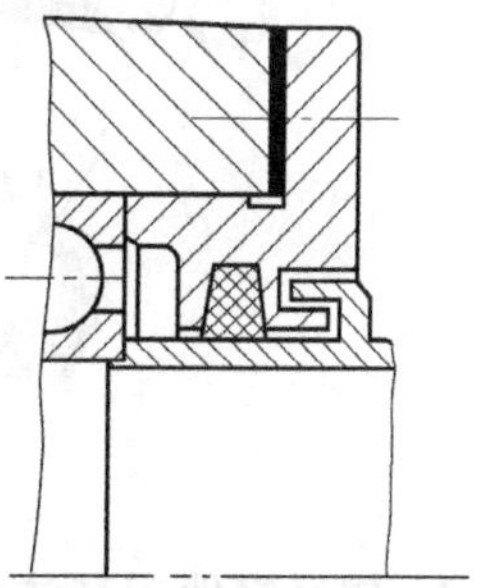

图 16-22　组 合 密 封

活动 2　轴系零件的拆装

轴系零件的拆装，要以恰当的方式进行。首先，轴上零件应按一定顺序进行拆卸或装配，如图 16-23 所示。其次要分析其传动原理，掌握各个零部件的结构特点、装配关系。由于轴系结构各不相同，轴系零件的拆装过程也不一样，在此主要介绍轴系零件拆装工作中需要注意的一些问题。

1. 轴系零件拆卸的注意事项

(1) 在拆卸前，需先了解轴的阶梯方向，确定轴上零件的拆出方向。

(2) 了解轴上零件的定位是否使用了定位销、弹簧卡圈、锁紧螺母、锁紧螺钉进行定位，若有使用要先行拆除。

(3) 在拆卸轴孔装配件时，要根据图纸的装配关系确定拆卸的用力程度，如果出现异常情况，应查找原因，防止在拆卸中将零件碰伤、拉毛、甚至损坏。热装零件要用加热来拆卸，例如，热装轴承可用热油加热轴承内圈进行拆卸。一般情况下，在拆卸过程中不允许进行破坏性拆卸。

(4) 要坚持拆卸服务于装配的原则。拆卸中必须对拆卸过程有必要的记录，以便安装时按照“先拆后装”的原则重新装配。在拆卸中为防止搞乱关键件的装配关系和配合位置，避免重新装配时降低精度，应该在装配件上做好明显标记，如齿轮的放置方位不能对换，否则会影响与另一齿轮的啮合。对于拆卸出来的轴类零件应该悬挂起来，防止弯曲变形。

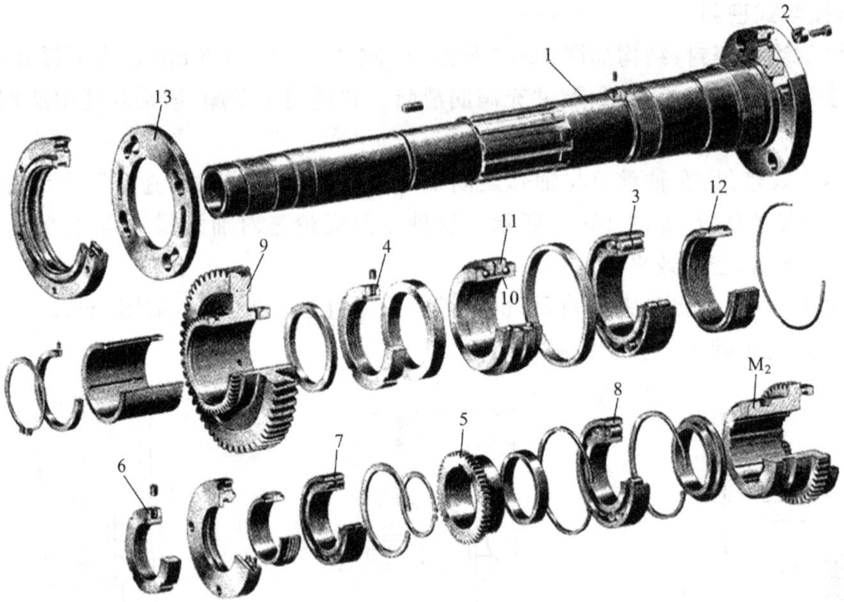

图 16-23　轴 系 零 件

2. 轴系零件安装注意事项

(1) 装配零件要干净，即在装配过程中要保持零件干净，凡是装配面一般都要用手在整个面上进行触抹，防止棉绒毛、铁屑、砂土等脏物进入装配面内，影响装配质量。

(2) 装配必须按程序进行，后拆卸的零件要先装配。

(3) 按配合关系安装轴孔装配件，间隙配合一般应具有较小的允许间隙，使零件间滑动灵活。过盈配合要根据零件的配合性质，可选择压力机压入装配、温差法装配，过盈量较小的小直径零件，也可用手锤借助铜棒或衬垫敲击压入件进行装配。

(4) 平键联结中，一般要求键在轴槽中固定，在轮毂中滑动。

3. 主轴轴承安装后的径向跳动检测

把检测用的心轴安装在主轴的锥形孔中，按图 16-24 所示位置装好百分表，给百分表一定的压缩量并调整好零位。先检测 a 点，让主轴以一定的转速旋转，观察百分表指针的波动情况，百分表指针波动的最大值与最小值之差，就是径向跳动的数值。一般主轴轴承安装后的径向跳动需检测两个位置，即图示中的 a 点和 b 点位置，a 点要求最大跳动量不超过 0.01 mm，b 点要求最大跳动量不超过 0.02 mm。

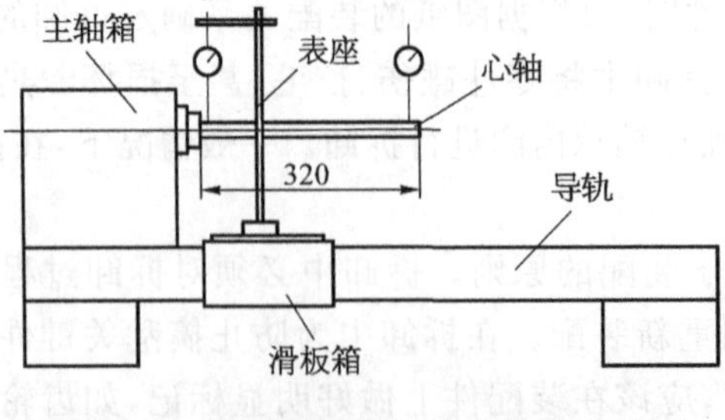

图 16-24　主轴轴承径向跳动检测示意图

知识点　零件的清洗

1. 清洗要求

(1) 在清洗溶液中，对全部拆卸件都应进行清洗。彻底清除其表面脏物，检查其磨损痕迹、表面裂纹和砸伤缺陷等。通过清洗，决定零件的再用、修复或更换。

(2) 必须重视再用零件或新换零件的清理，要清除由于零件在使用中或者加工中产生的毛刺。例如，轴类零件的螺纹部分、孔轴滑动配合件的孔口部分都必须清理掉零件上的毛刺、毛边。这样才有利于装配工作与零件功能的正常发挥，零件清理工作必须在清洗过程中进行。

(3) 零件清洗后用压缩空气吹干，涂上机油防止零件生锈。若用化学碱性溶液清洗零件，洗涤后还必须用热水冲洗，防止零件表面腐蚀。

2. 清洗方法与清洗液的选择

零件清洗的方法主要有：擦洗、浸洗、喷洗、气相清洗以及超声波清洗等。

(1) 擦洗：操作简便，使用设备简单，但生产效率低。常用于单件、小批量的中小型零件以及大型零件的局部清洗。清洗液一般用汽油、煤油、轻柴油或化学清洗液。有特殊要求的可使用乙醇、丙酮等。

(2) 浸洗：将被清洗的轴承零件浸入相应的清洗液中浸泡，使油污被溶解或与清洗液起化学作用而被清除。适用于批量大、轻度黏附油污的零件，各种清洗液均可使用。

(3) 喷洗：将具有一定压力和温度的清洗液向零件表面喷射，以清除油垢。此法清洗效果好，生产效率也高，但设备较复杂，常用于表面黏附较严重的油垢和半固体油垢的零件。

(4) 气相清洗：利用含有清洗剂的蒸汽与油垢发生作用，以除去油垢。当前使用的只有三氯乙烯等蒸汽，此法生产率高，清洗效果好，但设备复杂，易污染，劳动保护要求高，适用于表面附有中等油污的中小型零件。

(5) 超声波清洗：在盛满清洗液的容器内，装入油垢的零件，然后将超声波引入清洗液内，在超声波的作用下，清洗液中会产生大量气泡，且不断涨大，然后爆裂，爆裂时产生几百乃至几千个大气压的冲击波，使轴承表面的油垢剥落，以达到清洗的目的。此法清洗效果好，生产效率高，适用于清理要求高的零件。碱液、化学清洗液、煤油、柴油、三氯乙烯等清洗液均可用于超声波清洗。

3. 清洗溶液的选择

(1) 煤油或轻柴油在清洗零件中应用较广泛，能清除一般油脂，对铸件、钢件、有色金属件都可清洗。使用比较安全，但挥发性较差。对于精密零件最好使用含有添加剂的专用汽油进行清洗。

(2) 目前，为了节约燃料，正在大力研究和推广使用各种金属清洗剂，其市场价格便宜，有良好的使用性、适用性。

活动设计

(1) 分组拆装车床主轴和轴上零件。

(2) 小组讨论。

§16.4 考核建议

职业技能考核				职业素养考核			
是否完成	完成情况			安全	卫生	合作	……
	要求 1	要求 2	……				

§16.5 想一想、议一议

1. 选择题：

(1) ________能对轴上零件作轴向定位；________能对轴上零件作周向定位；________能对轴上零件既作轴向定位，又作周向定位。

A. 轴承端盖　B. 平键联结　C. 销联结　D. 弹簧挡圈

E. 套筒　F. 过盈配合　G. 轴肩

(2) 在平键联结中，若键槽位于轴的中间部位，并要求键在槽中的轴向定位良好时，应选择________平键为好。

A. 两端部圆头(A 型)　B. 平头(B 型)　C. 单圆头(C 型)

(3) 轴毂联结为平键联结时，平键的工作面是________。

A. 上、下两面　B. 上面或下面　C. 两侧面　D. 一侧面

(4) 密封效果最好、适应性最强的轴封是________。

A. 毡圈密封　B. 唇形密封圈密封　C. 机械密封

D. 迷宫式密封　E. 缝隙沟槽密封

(5) 在销联结中，________具有自锁性能。

A. 圆柱销　B. 圆锥销

(6) 在轴端密封装置中，__________用于脂润滑的密封；__________用于油润滑密封；__________既用于脂润滑的密封又用于油润滑的密封。

A. 毡圈密封　B. 唇形密封圈密封　C. 机械密封

D. 迷宫式密封　E. 缝隙沟槽密封

(7) 如图 16-25 所示为轴结构，其中轴头是________；轴颈是________；轴身是________；轴环是________；越程槽是________。

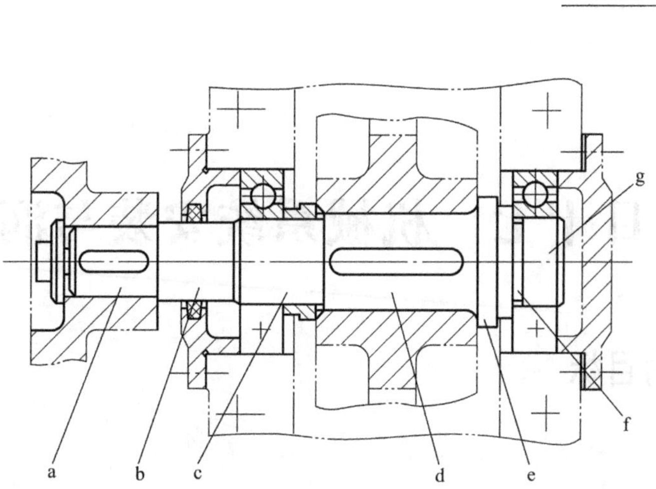

图 16-25　习　题　图

2. 问答题：

(1) 轴在机器中的功用是什么？

(2) 转轴为何多制成阶梯轴？

(3) 清洗并干燥后的零件为何要涂抹机油？

项目十七　机械系统安装与润滑

§17.1　能力目标

一、知识要求

(1) 能按照装配图编写工作计划。
(2) 知道润滑介质的类型和选择原则。
(3) 了解润滑方式与润滑装置。
(4) 能进行安全文明操作。

二、技能要求

(1) 能正确装配机械系统。
(2)能正确选择润滑剂。

§17.2　材料、工具及设备

ZT512 台式钻床、拆装工具、百分表、清洗和润滑的工具等。

§17.3　学习内容

活动 1　了解机械系统的安装过程

机械设备的安装，简单地说就是将机械设备的各部分按图纸和质量标准进行安放和装配，使其能按预定的要求进行工作。

图 17-1 所示为 ZT512 台式钻床的简化装配图，其零部件明细表见表 17-1。首先需对该钻床进行分析，然后写出此钻床的安装工作计划，并对此钻床进行安装。

要完成此项目，首先需要讨论如何制订安装工艺规程。

安装工艺规程是用文件、图表等形式规定下来的安装工艺过程，它是安装生产的指导性技术文件，又是进行安装生产计划及技术准备的主要依据。

安装工艺规程对保证产品的安装质量、提高安装生产效率、缩短安装周期、减轻工人的劳动强度、缩小安装车间面积、降低生产成本等方面都有重要作用。

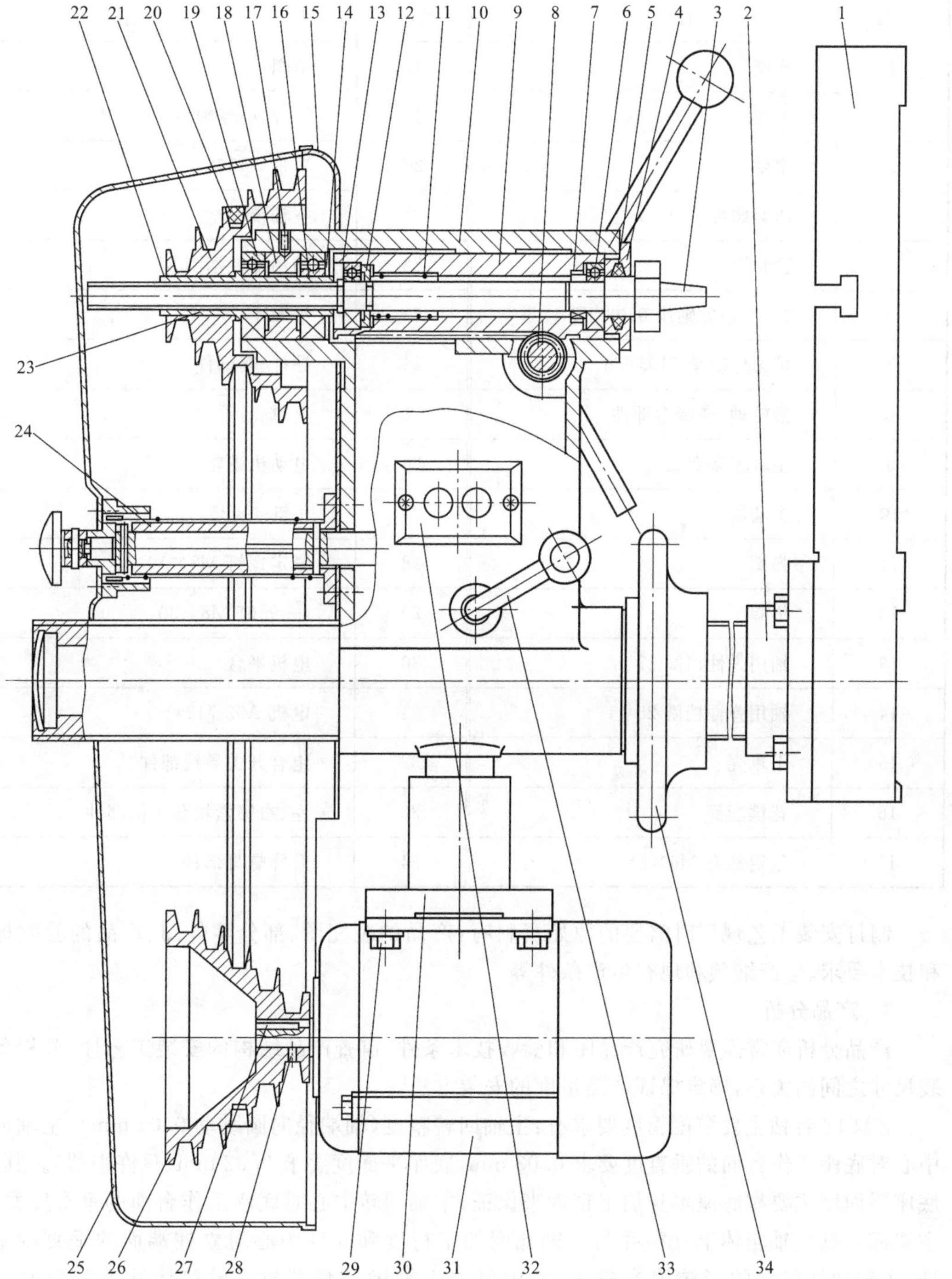

图 17-1　ZT512 台式钻床的装配图

表 17-1　ZT512 台式钻床零部件明细

件号	名　称	件号	名　称
1	底座	18	垫圈
2	立柱	19	2—向心球轴承 6205/P6
3	主轴	20	V 带 A1168
4	压紧螺母	21	主轴带轮
5	密封圈	22	轴用弹性挡圈 24
6	2—向心球轴承 6203/P6	23	平键 4×35
7	推力球轴承 5103/P6	24	导杆、套部件
8	齿轮轴、弹簧盒部件	25	上罩壳
9	主轴齿条套筒	26	电动机带轮
10	主辅箱	27	平键 4×25
11	弹簧	28	紧定螺钉 M8×10
12	垫圈	29	4—螺钉 M8×30
13	轴用弹性挡圈 17	30	电机平台
14	轴用弹性挡圈 25	31	电机 A02-7124
15	下罩壳	32	组合开关导线部件
16	花键套筒	33	左、右锁紧块和手柄部件
17	紧定螺钉 M6×16	34	升降螺母部件

制订安装工艺规程时需要的原始资料有：产品的装配图、部分零件图、产品的验收标准和技术要求、生产纲领和现有生产条件等。

1. 产品分析

产品分析通常需要研究产品图和验收技术条件，审查产品结构的安装工艺性，分析各安装尺寸之间的关系，确定保证产品精度的安装方法。

ZT512 台钻主要装配精度要求有：主轴回转精度（轴端径向圆跳动 0.01 mm），主轴回转中心对底座工作台面的垂直度要求 0.03 mm，底座平面度要求 0.02 mm（只许中凹）。其中，底座平面度主要靠底座本身加工精度来保证；主轴回转中心对底座工作台面的垂直度要求，主要靠台钻主轴箱体上立柱孔与主轴孔间的平行度和立柱中心对立柱端面的垂直度来保证；主轴回转精度的影响因素较多，其中要求主轴齿条套筒与主轴箱体孔的配合间隙为 0.003～0.008 mm。

2. 确定安装的组织形式

通常需要根据生产规模及产品结构尺寸、重量等确定装配生产的组织形式。由于台钻的年产量约为 5000 台，属成批生产；其结构尺寸较小，重量较轻，故确定其安装组织形式为移动式流水线安装。

3. 划分安装单元并确定安装顺序

从工艺角度出发，将产品分解成可以独立安装的单元，以便组织安装工作。安装单元常分为零件、组件、部件。安装单元划分后，可确定各安装单元合理的安装顺序。

根据 ZT512 台钻的结构，可将其划分为数个装配单元，见表 17-2，其中主要有：主轴套筒、花键套筒、电动机与带轮、齿轮轴与弹簧盒、主轴箱、导杆与套、组合开关导线、升降螺母、锁紧块、手柄等部件。

表 17-2　安装单元简表

名　　称	代号	所含零件件号
主轴套筒部件	001	3、4、5、6、7、9、11、12、13
花键套筒部件	002	14、16、18、19、23
电动机、带轮部件	003	26、27、28、29、31
齿轮轴、弹簧盒部件	004	8
主轴箱部件	005	10
导杆、套部件	006	24
组合开关导线部件	007	32
锁紧块、手柄部件	008	33
升降螺母部件	009	34

4. 划分安装工序

先确定各工序的具体内容，然后编写安装工作计划。按安装工艺系统图划分工序内容、所需设备、工装，编制安装工作计划。台钻安装工作计划见表 17-3。

表 17-3　台钻安装工作计划

序号	工　作　内　容
1	将底座 1 吊上装配线工作台
2	将立柱 2 固定在底座 1 上，旋紧螺栓 4—M12
3	将升降螺母部件 009 装到立柱 2 上，要求能自由滑落
4	将主轴箱部件 005 装到立柱 2 上
5	将左右锁紧块和手柄部件 008 装入主轴箱 10 的孔 ϕ32H7 中，要求锁紧后手柄位置应在正上方或正下方，其偏差为 ±30°，松开手柄，不得抱死立柱
6	将主轴箱 10 与升降螺母部件 009 用螺钉 3—M5 联接并锁紧
7	将下罩壳 15 装在主轴箱 10 上方

（续表）

序号	工　作　内　容
8	将主轴带轮 21 装入花键套筒 16 上，再装上挡圈 22
9	将导杆套部件 006 装到工轴箱 10 和下罩壳 15 上方，锁紧螺钉 3—M8
10	将电机平台 30 装入主轴箱尾部上，要求能自由轴向移动
11	将组合开关导线部件 007 装入主轴箱，旋紧螺钉 4—M3，并固定好护线软套
12	装上电动机、带轮部件 003，锁紧螺钉 4—M8×25，装上 V 带 20
13	将上罩壳 25 装在导杆、套部件 006 上，要求上下罩壳配合良好，导杆在导套内移动灵活
14	将主轴套筒部件 001 按分组选配装入主轴箱 10 的 ϕ50H7 孔内，保证间隙为 0.003～0.008 mm，要求移动灵活并能随其重量自行下滑
15	装上齿轮轴，弹簧盒部件 004，调整弹簧，使主辅套筒 9 下移，放手后可自动复位
16	按电气装配工艺要求，接好电机线
17	检验主轴跳动
18	检验主轴中心对底座垂直度，调整至符合要求
19	检验底座平面度，复检综合垂直度
20	试车
21	清洗、上油、包装
22	外观总检
23	起吊至木箱底板上、钉箱、入库

知识点 机械设备安装的安全要求

为使机械设备能安全、顺利、正确地安装，在安装过程中应注意以下几点：

(1) 在安装前，要掌握设备的原理、构造、技术性能、装配关系以及安装质量标准。要详细检查各零部件的状况，不得有缺损。要制订好安装施工计划，做好充分准备，以便安装工作顺利进行。

(2) 机械设备布局要合理，应便于操作人员装卸工作、加工观察和清除杂物，同时也应便于维修人员的检查和维修。

(3) 机械设备零部件的安全度应符合安全要求，安装应牢固。

(4) 设备安装的准确性，包括垂直度、水平度、相互之间的位置偏差等都要符合标准，为达到此目的而进行的工作称为找正。

(5) 机械设备根据有关安全要求，必须装设合理、可靠，不影响操作的安全装置，例如：

① 对于作旋转运动的零部件应装设防护罩或防护挡板、防护栏杆等安全防护装置。

② 起压、超载、超温度、超时间、超行程时会发生事故的零部件，应该设保险装置，如超负荷限制器、行程限制器、安全阀、温度继电器、时间断电器等。

③ 需要对人进行警告或提醒注意时，应安设信号装置或警告牌等。

④ 对于某些动作顺序不能搞颠倒的零部件应装设相互连锁装置，做某一个动作，须在前一个动作完成之后才能进行，否则就不可能动作。

⑤ 机械设备的电气装置必须符合电气安全的要求，主要有以下几点：

A. 供电的导线必须正确安装，不得有任何破损或露线的地方。

B. 电机绝缘应良好，其接线板应有盖板防护。

C. 开关、按钮等应完好无损，其带电部分不得裸露在外。

D. 有良好的接地或接零装置，连接的导线要牢固，不得有断开的地方。

E. 局部照明灯应使用 36V 的电压，禁止使用 220V 电压。

⑥ 机械设备的操纵手柄、脚踏开关等应符合如下要求：

A. 摇的手柄应有可靠的定位及锁紧装置，同轴手柄应有明显的长短差别。

B. 轮在机动时应能与转轴脱开。

C. 踏脚开关应有防护罩或藏入床身的凹入部分内；机械设备的作业现场要有良好的环境，即照明度要适宜，温度与湿度要适中，噪声和振动要小，零件、工具等摆放整齐。

D. 每台机械设备应根据其性能、操作顺序等制定出安全操作规程和检查、润滑、维护等制度。

(6) 设备安装后，由设备管理部门组织安装单位、使用车间和安全、质检等有关部门的人员进行验收，经过认真的检查、测试，设备的技术状况达到质量标准，安全装置齐全、可靠，设备运转正常，验收合格后，方可交付使用。

活动 2　了解机械系统的润滑

机械系统在运转的过程中存在磨损，由于磨损的存在会降低机械设备使用性能和使用寿命，为了减少机械设备的磨损、降低动力消耗、延长设备寿命，保证设备安全运行，应对机械设备进行必要的润滑。

凡能起降低摩擦阻力减少磨损的介质都可以称为润滑剂。

1. 润滑剂的种类及其作用

(1) 润滑剂的种类：润滑剂有液体、半固体、固体和气体 4 种，通常分别称为润滑油、润滑脂、固体润滑剂和气体润滑剂。

(2) 润滑剂的作用是润滑、冷却、冲洗、密封、减振、卸荷、保护等。

① 润滑作用：是改善摩擦状况、减少摩擦、防止磨损，同时还能减少动力消耗。

② 冷却作用:在摩擦时产生的热量,大部分被润滑油带走,少部分热量经过传导辐射直接散发出去。

③ 冲洗作用:磨损下来的碎屑可被润滑油带走,称为冲洗作用。冲洗作用的好坏对磨损影响很大,在摩擦面间形成的润滑油很薄,金属碎屑停留在摩擦面上会破坏油膜,形成干摩擦,造成磨粒磨损。

④ 密封作用:压缩机的缸壁与活塞之间的密封,就是借助于润滑油的密封作用。

⑤ 减振作用:摩擦件在油膜上运动,好像浮在"油枕"上一样,对设备的振动起一定的缓冲作用。

⑥ 卸荷作用:由于摩擦面间有油膜存在,作用在摩擦面上的负荷就比较均匀地通过油膜分布在摩擦面上,油膜的这种作用叫卸荷作用。

⑦ 保护作用:可以防腐和防尘,起保护作用。

(3) 润滑油的主要物理化学性质有:黏度、闪点、机械杂质、酸值、凝固点、水分、水溶性酸和水溶碱的含量、残炭、灰分、抗氧化安定性、腐蚀试验和抗乳化度等。选用和使用时应注意这些性质应满足要求。

2. 润滑油

(1) 润滑油的特点是:流动性好,内摩擦因数小,冷却作用较好,可用于高速机械。更换润滑油时可不拆开机器,但它容易从箱体内流出,故常需采用结构比较复杂的密封装置,且需经常加油。

(2) 常用润滑油:主要分为矿物润滑油、合成润滑油和动植物润滑油三类。矿物润滑油主要是石油制品,具有规格品种多、稳定性好、防腐蚀性强、来源充足且价格较低等特点,因而应用广泛;主要有机械油、齿轮油、汽轮机油、机床专用油等。合成润滑油具有独特的使用性能,主要用于特殊条件下,如高温、低温、防燃以及需要与橡胶、塑料接触的场合。动植物油产量有限,且易变质,故只用于有特殊要求的设备或用作添加剂。

(3) 润滑油的选用原则是:载荷大或变载、冲击载荷、加工粗糙或未经跑合的表面,选黏度较高的润滑油;转速高时,为减少润滑油内部的摩擦功耗,或采用循环润滑、芯捻润滑等场合,宜选用黏度低的润滑油;工作温度高时,宜选用黏度高的润滑油。

知识点 润滑脂及其选择原则

1. 润滑脂

润滑脂主要功能是减磨、防腐和密封。

润滑脂习惯上称为黄油或干油,是一种稠化的润滑油。其油膜强度高,黏附性好,不易流失,密封简单,使用时间长,受温度的影响小,对载荷性质、运动速度的变化等有较大的适应范围。

润滑脂常应用在以下场合:不允许润滑油滴落或漏出会引起污染的地方(如纺织机械、食品机械等),加、换油不方便的地方、不清洁而又不易密封的地方(润滑脂本身就是密封介质),特别低速、重载或间歇、摇摆运动的机械等。

润滑脂的缺点是内摩擦大，起动阻力大，流动性和散热性差，更换、清洗时需停机拆开机器。

润滑脂的主要性能指标有滴点和锥入度。滴点是指在规定的条件下，将润滑脂加热至从标准的测量杯孔滴下第一滴时的温度，它反映了润滑脂的耐高温能力。选择润滑脂时，工作温度应低于滴点15～20℃。锥入度是衡量润滑脂黏稠程度的指标。它是指将一个标准的锥形体，置于25℃的润滑脂表面，在其自重作用下，经5s后，该锥形体沉入脂内的深度（以0.1为单位）。国产润滑脂都是按锥入度的大小编号的，一般使用2、3、4号。锥入度越大的润滑脂，其稠度越小，编号的顺序数字也越小。

根据稠化剂皂基的不同，润滑脂主要有：钙基润滑脂、钠基润滑脂、锂基润滑脂、铝基润滑脂等类型。选用润滑脂类型的主要根据是润滑零件的工作温度、工作速度和工作环境等条件。

2. 润滑脂的选择原则

（1）重负荷的摩擦表面应选用锥入度小的润滑脂。

（2）高转速的摩擦表面应选用锥入度大的润滑脂。

（3）冬季或在低温条件下工作的摩擦表面，应选用低凝固点和低黏度润滑脂，在夏季或在高温条件下工作的摩擦表面应选用滴点高的润滑脂。

（4）润滑脂的代用品应根据滴点和锥入度来选择，同时皂分含量也应符合要求。

（5）在潮湿或与水分直接接触条件下的摩擦表面，应选用钙基润滑脂；而在高温条件下工作的摩擦表面应选用钠基润滑脂。

3. 固体润滑剂

固体润滑剂是指具有润滑作用的固体粉末或薄膜。它能够代替液体来隔离相互接触的摩擦表面，以达到减少表面间的摩擦和磨损的目的。目前，最常用的固体润滑剂有二硫化钼和石墨润滑剂。

（1）二硫化钼润滑剂：二硫化钼润滑剂具有良好的润滑性、附着性、耐温性、抗压减磨性和抗化学腐蚀性等优点。对于高速、高温、低温和有化学腐蚀性等工作条件下的机器设备，均有优异的润滑性能。二硫化钼润滑剂有粉剂、水剂、油剂、油膏润滑脂等固体成膜剂。

（2）石墨润滑剂：石墨在大气中450℃以下时，摩擦系数为0.15～0.20，石墨的密度为2.2～2.3，熔点为3 527℃。在大气中及450℃下可短期使用，在426℃下可长期使用，其快速氧化温度为454℃。石墨的抗化学腐蚀性能非常好，但抗辐射性能较二氧化钼差。石墨润滑剂的主要品种有粉剂、胶体石墨油剂、胶体石墨水剂、试剂石墨粉。

活动设计

（1）参观工厂或车间。

（2）小组讨论。

§17.4 考核建议

职业技能考核				职业素养考核			
是否完成	完 成 情 况			安全	卫生	合作	……
	要求 1	要求 2	……				

§17.5 知识拓展

润滑方式与润滑装置

将润滑剂按规定要求送往各润滑点的方法称为润滑方式。为实现润滑剂按确定润滑方式供给而采用的各种零部件及设备统称为润滑装置。

在选定润滑材料后，就需要用适当的方法和装置将润滑材料送到润滑部位，其输送、分配、检查、调节的方法及所采用的装置是设计和改善维修中保障设备可靠性和维修性的重要环节。其设计要求是：保护润滑的质量及可靠性；合适的耗油量及经济性；注意冷却作用；注意装置的标准化、通用化；合适的维护工作量等。

1. 润滑方法

润滑方法是对设备润滑部位进行润滑时所采用的方法。润滑方法有多种多样，如图 17-2 所示是一种常见的润滑方法分类方法。

2. 润滑装置

润滑装置是指把润滑剂输送到两摩擦面间的装置或工具，如油嘴、油杯、线芯、油毡、油池、油泵、油枪、油壶、润滑站等。

润滑装置的分类是和润滑方式密切相关的，可分为油润滑装置、脂润滑装置、固体润滑装置和气体润滑装置四大类。

固体润滑剂通常有四种类型，即整体润滑剂，覆盖膜润滑剂，组合、复合材料润滑剂和粉末润滑剂。如果固体润滑剂以粉末形式混在油或脂中，则润滑装置可采用相应的油、脂润滑装置。如果采用覆盖膜，组合、复合材料或整体零部件润滑剂，则不需要借助任何润滑装置来实现其润滑作用。

(1) 油润滑装置：油润滑方式的优点是：油的流动性较好，冷却效果佳，易于过滤除去杂质，可用于所有速度范围的润滑，使用寿命较长，容易更换，油可以循环使用。但其缺点是密封比较困难。常用的润滑装置有：油池润滑装置，飞溅润滑装置，油绳、油垫润滑装置，油杯、油链润滑装置，强制送油润滑装置和喷雾润滑装置。

① 手工给油润滑装置：手工给油润滑装置简单，使用方便，在需润滑的部位开个加油孔即可用油壶、油枪进行加油。一般用于低速、轻负荷的简易小型机械，如小型电动机和缝纫机等。

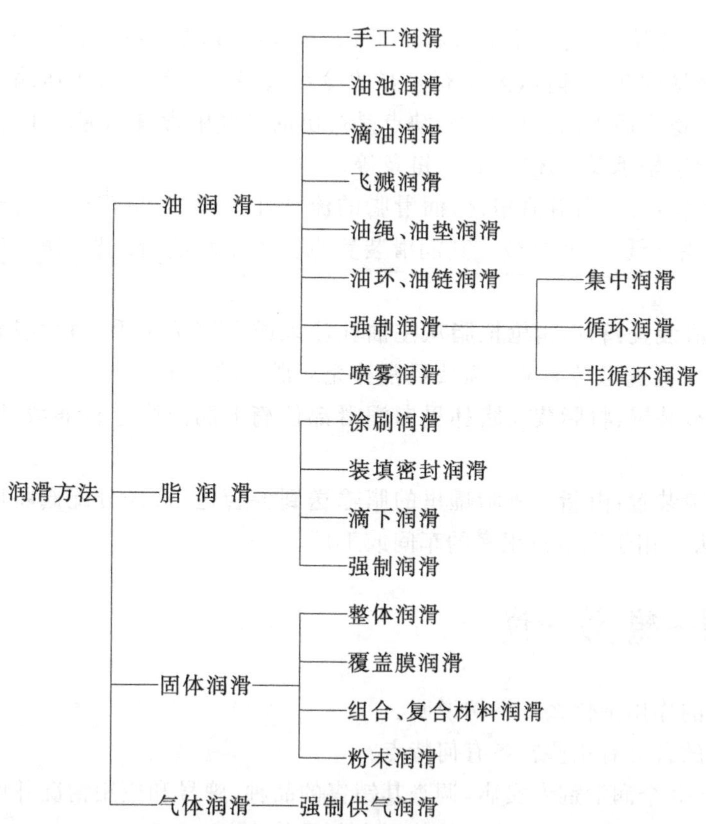

图 17-2　润滑方法分类

② 滴油润滑装置：如滴油式油杯，依靠油的自重向润滑部位滴油，构造简单，使用方便，缺点是给油量不易控制，机械的振动、温度的变化和液面的高低都会改变滴油量。

③ 油池润滑装置：油池润滑是将需润滑的部件设置在密封的箱体中，使需要润滑的零件的一部分浸在油池的油中。采用油池润滑的零件有齿轮、滚动轴承和滑动式止推轴承、链轮、凸轮、钢丝绳等。油池润滑的优点是自动可靠，给油充足；缺点是油的内摩擦损失较大，且引起发热，油池中可能积聚冷凝水。

④ 飞溅润滑装置：利用高速旋转的零件或依靠附加的零件将油池中的油溅散成飞沫向摩擦部件供油。优点是结构简单可靠。

⑤ 油绳、油垫润滑：用油绳、毡垫或泡沫塑料等浸在油中，利用毛细管的虹吸作用进行供油。油绳和油垫本身可起到过滤的作用，能使油保持清洁而且是连续均匀的，缺点是油量不易调节，还要注意油绳不能与运动表面接触。以免被卷入摩擦面间。适用于低、中速机械。

⑥ 油环、油链润滑装置：只用于水平轴，如风扇、电机、机床主轴的润滑，方法简单，依靠套在轴上的环或链把油从油池中带到轴上流向润滑部位，油环润滑适用于转速为 50～3 000 r/min 的水平轴。油链润滑最适于低速机械，不适于高速机械。

⑦ 强制送油润滑装置：它分为不循环润滑、循环润滑、集中润滑三种。强制送油润滑是用泵将油压送到润滑部位，润滑效果、冷却效果好。易控制供油量大小，且可靠。广泛使用于大型、重载、高速、精密、自动化的各种机械设备中。

⑧ 喷雾润滑装置:利用压缩空气将油雾化,再经喷嘴喷射到所润滑表面。由于压缩空气和油雾一起被送到润滑部位,因此有较好的冷却效果。而且也由于压缩空气具有一定的压力可以防止摩擦表面被灰尘所污染,缺点是排出的空气中含有油雾粒子,造成污染。喷雾润滑用于高速滚动轴承及封闭的齿轮、链条等。

(2) 脂润滑装置:与润滑油相比,润滑脂的流动性、冷却效果都较差,杂质也不易除去,因此,润滑脂多用于低、中速机械。其润滑装置也分为手动润滑装置、滴下润滑装置和集中润滑装置。

① 手工润滑装置:利用脂枪把脂从注油孔注入或者直接用手工填入润滑部位,属于压力润滑方法,用于高速运转而又不需要经常补充润滑脂的部位。

② 滴下润滑装置:将脂装在脂杯里向润滑部位滴下润滑脂进行润滑,脂杯分为受热式和压力式。

③ 集中润滑装置:由脂泵将脂罐里的脂输送到各管道,再经分配阀将脂定时定量地分送到各润滑点去。用于润滑点很多的车间或工厂。

§17.6 想一想、议一议

1. 润滑剂的作用是什么? 举例说明。
2. 润滑剂的种类有哪些? 各有何特点?
3. 调查 2~3 个润滑剂专卖店,调查其销售的品种、牌号和应用情况并回校交流。
4. 润滑油的主要指标有哪些? 其使用意义是什么?
5. 润滑脂的主要指标有哪些? 其使用意义是什么?
6. 常用润滑方式及其配用的润滑装置有哪些? 分别说出 2~3 个熟悉的实例具体说明。
7. 试为下列机械的传动装置及轴承选择润滑剂种类:

(A) 轻型载重汽车变速箱　　(B) 普通车床主轴箱

(C) 冲床减速传动齿轮　　(D) 缝纫机

(E) 起重机蜗轮减速箱　　(F) 中小型普通电动及轴承